영양 만점,
할머니의 웰빙 이유식

이 도서의 국립중앙도서관 출판예정도서목록(CIP)은 서지정보유통지원시스템 홈페이지(http://seoji.nl.go.kr)와
국가자료공동목록시스템(http://www.nl.go.kr/kolisnet)에서 이용하실 수 있습니다.
CIP제어번호: CIP2016018579

영양 만점,
할머니의 웰빙 이유식

• 이영옥 지음 •

책머리에

　첫 손녀의 탄생은 부처님의 자비심을 만분의 일이라도 몸소 느낄 수 있는 계기가 되었습니다. 참으로 작고 귀엽고 순진무구한 한 생명이 이 세상에 처음 발을 내딛는데 할머니로서 보탬이 되고 싶은 마음이 제 가슴속 깊은 곳에서 출렁였습니다. 맏아들과 며느리 둘 다 과학도여서 실험실에 매여 무척 바쁘게 지내므로, 생후 3개월부터 어린이집 보육 교사들에게 맡겨져 자라는 손녀를 생각할 때마다 마음이 애잔했습니다.

아들네가 뉴저지에서 떨어진 보스턴에 살고 있지만, 한 달에 한 번은 서로 오가고 이메일이나 소포, 편지를 자주 보내 손녀에 대한 사랑을 조금이나마 표현할 수 있었습니다. 손녀와 관련해 며느리에게 해준 말은 육아, 장난감, 아이 책 외에 특히 이유식에 관한 것이 가장 큰 부분을 차지했습니다.

저는 이곳에서 아들 셋을 혼잣손으로 키운 경험이 있습니다. 그때의 경험을 토대로 요즘의 이유식 경향과 정보를 알기 위해 영국, 미국, 일본, 한국의 이유식 책을 10여 권 이상 읽어보고 동서양의 맛을 조화시켰습니다. 거기에 근래의 자연식 경향과 경험을 접목해 손녀를 위한 이유식을 만들기 시작했습니다. 그런데 손녀에 대한 사랑이 저도 모르게 새롭고 맛있는 이유식 레시피를 만들도록 이끌었던 것 같습니다. 제가 만든 이유식을 먹은 손녀는 참으로 건강하고 총명하게 자라나 작은 소녀가 되었답니다. 손녀가 태어나고 몇 년이 지나 둘째 아들에게서 손자를 보게 되어, 손녀 때의 이유식 레시피를 기초로 좀 더 다양한 이유식을 곁들이게 되었습니다. 손자 역시 튼튼하고 똑똑하게 자라고 있답니다.

두 며느리가 이유식 레시피를 다른 엄마들과도 함께 나누었으면 좋겠다고 격려하기에, 큰 며느리에게 보낸 이메일, 편지 그리고 기록해두었던 레시피를 종합하고 정리해 미흡하나마 이렇게 책으로 엮었습니다.

직장 생활을 하는 한국의 직장인 엄마들에게 조금이나마 도움이 된다면 더할 나위 없이 기쁠 것입니다.

2016년 8월

뉴저지에서 이영옥

저희 어머니께서는 저와 저의 형제들을 위해

진정한 의미의 균형 잡힌 식생활에 대해

끊임없이 말씀하셨습니다.

이 책은 어머니의 그러한 생각을 종합해 모은 것이며,

이 다양하고 특별한 이유식 레시피는 자라나는 아기들을

풍부한 영양으로 키워냄으로써

밝고 건강한 미래를 열어줄 것입니다.

어머니가 이 책에서 보여주시는 세심한 배려와 관심은

저의 성공과 행복 그리고 건강에 밑바탕이 되었습니다.

이는 자신의 소신을 끊임없이 실천하신

어머니의 덕분이라 하겠습니다.

Throughout the years, my mother has voiced many opinions about what

constitutes a proper and balanced diet for my brothers and myself,

and this book represents a unified collection of her thoughts,

both specific recipes and general ideas, on how to nourish a growing child.

Looking at the care and attention to detail that she reveals in this book,

I would like to believe that these practices contributed in no small way to

my current contentment and overall well-being.

뇌의학자 김홍제

조리 전 유의점

1 이 책에서 말하는 1컵은 요즘 판매되는 내열강화유리 계량 컵에 맞춰 200ml가 아닌 250ml를 기준으로 한다.

2 조리한 음식을 식힐 때는 용량이 큰 내열강화유리그릇에 옮겨 식힌다.

3 찜통은 크기에 따라 조리 시간이 달라지므로, 재료를 쪄낼 경우에는 옆에서 지켜보며 익은 정도를 확인해야 한다.

4 많은 양의 내용물을 믹서에 갈 때는 한꺼번에 갈지 말고, 몇 차례에 나누어 갈도록 한다.

5 곡류나 야채, 과일 등을 갈 때 혹은 고기를 갈 때는 믹서의 용도나 용량에 맞춰 사용한다. 특히 고기를 갈 때는 다지기 기능이 있는 믹서를 사용한다.

채소와 과일 손질법

'만드는 방법'에 설명이 반복되는 것을 피하기 위해 채소나 과일 등의 기본 손질법을 따로 정리했다.

감자, 고구마

감자나 고구마는 흙을 털어내고, 껍질을 필러 등으로 벗겨낸 뒤 깨끗이 씻는다. 감자와 고구마는 바로 먹을 것이 아니면 신문지에 싸서 보관한다. 싹이 난 감자는 독성이 있다고 하니 사용하지 않도록 한다.

단호박

단호박은 깨끗이 씻은 뒤 잘라, 씨를 파내고 껍질을 제거한다. 껍질이 단단하므로 자를 때 다치지 않도록 주의한다.

당근, 무

당근이나 무는 흙을 털어내고, 껍질을 필러 등으로 벗겨낸 뒤 깨끗이 씻는다. 되도록 세척 등 가공되지 않은 신선한 것을 사용한다.

브로콜리와 콜리플라워

브로콜리와 콜리플라워는 물을 그릇에 받아 자루 부분을 잡고 흔드는 식으로 몇 번 세척한 후 송이 부분만 잘라 사용한다.

셀러리

셀러리는 4~5cm 정도로 잘라 실 같은 섬유질을 필러 등으로 제거한 뒤 물에 깨끗이 씻는다.

아스파라거스

아스파라거스는 양쪽을 잡고 꺾어 밑동을 잘라내고, 흐르는 물에 깨끗이 씻는다.

양파

양파는 꼭지 부분과 뿌리 부분을 잘라내고 껍질을 벗겨 깨끗이 씻는다. 양파는 냉장고보다는 망 등에 담아 바람이 잘 통하는 곳에 보관한다.

연근

연근은 흙을 털어내고 껍질을 벗겨 물에 깨끗이 씻는다.

완두콩

완두콩은 생것을 사용할 때는 삶고, 냉동된 것을 사용할 때는 찜통에 찐다. 믹서에 갈 경우가 아니면 껍질을 벗겨 사용한다.

피망, 파프리카

피망과 파프리카는 꼭지를 제거하고, 반으로 갈라 씨를 발라낸 뒤 깨끗이 씻는다.

씨가 있는 각종 과일과 채소는 깨끗이 씻어 씨를 발라낸다. 키위는 되도록 씨가 없는 부분을 사용한다.

딸기나 블루베리 등은 물에 깨끗이 씻어 꼭지만 떼어내어 사용하고, 바나나는 물에 씻어 껍질을 벗긴 후 사용한다. 청포도는 물에 씻어 껍질을 벗긴 후 씨를 제거한다.

담금물 세척법

① 세척 용기에 과일이나 채소를 1분간 담궜다가 물을 버린다.
② 세척 용기에 새로 물을 붓고 용기 안에서 회전하듯이 손을 저어주면서 30초 동안 세척한 뒤 물을 버린다. 다시 새로 물을 붓고 손으로 저어주면서 30초 동안 세척한다.
③ ②와 같이 세척한 채소나 과일을 흐르는 물에 한 개씩 들고 돌려가며 6초씩 씻는다.

12~18개월

5 개월

새아가에게

장미와 더불어 라벤더, 컬럼바인 꽃이 한창인 6월이구나. 잘 지내고 있겠지?

지난번에 너희들이 놀러 왔을 때 보니 나라가 손에 쥔 장난감을 빨기도 하고 침을 좀 많이 흘리더구나. 어느새 생후 5개월이 되었으니 이제 슬슬 이유식을 먹여도 될 듯싶구나.

그동안 시간이 나는 대로 미국의 이유식 책 *Super Baby Food*, 영국의 이유식 책 *SuperFoods* 등 몇 권과 일본의 이유식 책『はじめてのカンタン離乳食』(초기·중기·후기·완료기 등 전 4권), 그리고 한국의 이유식 책 몇 권을 열심히 읽어보았단다. 동서양의 이유식을 살펴보며 찾은 좋은 점과 옛 경험, 요즘의 자연식 경향을 종합해 나라의 이유식을 만들어보려고 한단다.

보통 이유식을 먹이는 기간은 5, 6개월부터 18개월까지로 잡는다고 하는구나. 이유식 초기인 5, 6개월에는 곡류나 과일, 채소, 육수 등으로 만든 유동식을, 이유식 중기인 7, 8개월에는 다양한 채소와 달걀노른자, 콩, 두부, 쇠고기, 닭고기, 생선 살 등에 곡류를 섞어 몰랑몰랑한 작은 건더기가 있는 걸쭉한 죽과 여러 가지 종류의 과일 퓌레, 요구르트 등을 만들어 먹이면 된단다. 이유식 후기에 들어서는 9~11개월부터는 이전보다 다양한 단백질과 갖가지 채소 그리고 곡류로 만든 농도가 더 걸쭉하고 부드러운 덩어리가 많이 섞인, 진밥을 이용한 이유식과 다양한 과일 퓌레, 요구르트, 치즈 등을 먹인단다. 이유식 완료기인 12~18개월에는 어른들이 먹는 음식 대부분을 간을 하지 않고 먹을 수 있게 되는데, 아직 이가 덜 나온 상태이므로 채소, 달걀, 고기, 해산물과 무른 밥을 넣어 부드럽고 몰랑몰랑하게 만든 이유식과 다양한 과일, 요구르트, 치즈 등을 먹이면 된다는구나.

이유식 재료는 되도록 신선한 고기와 생선, 유기농으로 재배한 과일·채소·달걀·곡류·유제품을 사용하는 것이 좋겠구나. 나라가 이제 5개월이 되었으니, 쌀미음부터 먹여보려무나.

쌀미음

재료

불린 쌀 1큰술   물 $\frac{3}{5}$컵

1 30분 정도 불린 쌀 1큰술과 물 $\frac{3}{5}$컵을 믹서에 넣고 곱게 간다.

2 작은 냄비에 갈아놓은 재료를 넣고 센 불에 주걱으로 저어가며 끓인다.

3 한소끔 끓으면 불을 약하게 줄이고, 나무 주걱으로 저어가며 4~5분간 더 끓인다.

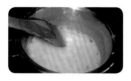
4 다 된 미음을 고운체로 거른다.

이유식을 만들 때는 꼭 나무 주걱을 사용하려무나.

갓난아이는 4~6개월 동안 소비할 수 있는 철분을 가지고 태어난다고 하는구나. 그런데 5~6개월이 지나면 철분이 부족하기 때문에 모유나 아기 전용 우유 또는 이유식을 통해 철분을 충분히 공급해야 한단다. (미국에서는) 철분이 첨가된 쌀가루를 의사가 추천하기도 하는데, 철분은 모유를 통해 아기에게 가장 잘 흡수된다고 하는구나. 그러니 엄마의 영양이 무엇보다 중요하단다. 철분이 많은 쇠고기, 달걀노른자, 굴, 조개 그리고 민들레 잎, 열무 잎, 상추, 알팔파 순 등으로 만드는 채소 샐러드와 해조류 등으로 식단을 짜보도록 하렴.

5개월에는 쌀미음, 바나나, 배, 사과, 고구마, 단호박 등으로 이유식을 만들고, 6개월부터는 과일, 채소, 육수에 철분이 많은 통곡식을 넣어 미음과 생과일 퓌레를 만들어보려고 한단다.

먹일 때마다 매번 이유식을 만들면 좋겠지만, 아침부터 저녁까지 실험실에서 근무하고 퇴근 후 어린이집에서 나라를 데리고 와 저녁 준비와 아이 시중 등 집안일로 얼마나 분주할지 눈에 선하구나. 그러니 앞에서 소개한 쌀미음을 정량보다 몇 배 더 만들어 얼음 틀에 1큰술씩 담아 얼린 후, 틀에서 꺼내 비닐 팩에 넣어 보관하려무나. 사용할 때는 필요한 만큼 꺼내 중탕을 하거나 찜냄비에 데워 먹이도록 하렴. 전자레인지나 오븐 등은 건강에 좋지 않다고 하니 되도록 사용하지 않는 것이 좋겠구나.

이유식을 먹이는 시간은 이른 아침이나 초저녁이 좋은데, 아침에는 출근과 아이 건사로 바쁠 테니 초저녁에 한 번씩 먹이도록 하렴. 너무 배고플 때보다는 모유를 먹여 허기를 없앤 뒤 아기 숟가락에 완두콩만 한 크기로 이유식을 떠서 아랫입술 위에 얹는 식으로 주려무나. 아기가 혀로 밀어내면 조금 있다가 다시 먹여보고, 영 싫어하는 기색이면 다음 날 다시 시도하도록 하렴. 엄마 젖이나 우유병의 젖꼭지를 빠는 습관 때문에 처음엔 아기가 이상해하겠지만, 곧 익숙해질 거란다.

처음에는 ½큰술쯤 먹여보다가 조금씩 양을 늘려 1~2큰술 정도 먹이도록 하렴. 미음의 온도는 팔뚝에 미음을 한 방울 떨어뜨렸을 때 뜨겁지 않은 정도가 좋단다.

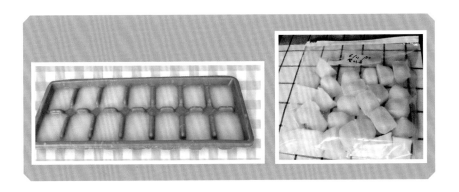

쌀미음을 먹인 지 4, 5일 뒤에 바나나·모유 미음을 먹여보도록 하렴. 바나나는 맛도 좋고 영양가도 높아 동서양에서 초기 이유식에 가장 많이 사용된단다.

바나나·모유 미음

재료

바나나 $\frac{1}{4}$ 개, 모유(또는 아기 전용 우유) 1큰술

만드는 방법

1 작은 밥공기에 바나나 $\frac{1}{4}$ 개를 담고, 숟가락으로 부드럽게 으깬다.

2 으깬 바나나에 모유(또는 아기 전용 우유)를 조금씩 넣으면서 미음 상태가 되도록 곱게 갠다.

바나나·모유 미음은 잘 익은 바나나로 만들어야 한단다. 바나나·모유 미음을 먹이고서 4~5일쯤 지나 고구마·쌀미음을 먹여보도록 하렴.

고구마·쌀미음

재료

찐 고구마 1큰술, 끓여서 식힌 물 1큰술, 쌀미음(16쪽 참조) $1\frac{1}{2}$ 큰술

1 고구마는 껍질을 벗긴 후 1cm 두께로 둥글게 썰어 찜통에 넣고 아주 무르게 찐다.
찐 고구마는 식기 전에 으깨고, 물 1큰술을 조금씩 넣어가며 숟가락으로 고루 섞는다.

2 으깬 고구마를 고운체에 거른다.
여기에 쌀미음 $1\frac{1}{2}$ 큰술을 고루 섞는다.

고구마는 삶으면 영양이 물에 씻겨나가므로 꼭 찜통에 쪄서 사용하렴. 고구마·쌀미음을 먹이고서 4~5일 뒤에는 배 미음을 먹여보렴.

배 미음

재료

배 소스
배(중간 크기) $\frac{1}{2}$ 개
물 $\frac{1}{4}$ 컵

배 미음
쌀미음(16쪽 참고) $1\frac{1}{2}$ 큰술
배 소스 $1\frac{1}{2}$ 큰술

● 배 소스

1 배($\frac{1}{2}$개)는 껍질을 깎아 씨를 제거한 뒤 잘게 썬다.

2 작은 냄비에 썰어놓은 배와 물 $\frac{1}{4}$컵을 넣는다.
뚜껑을 닫고 중간 불에 8분간 끓인 후 불을 끄고 식힌다.

3 식혀놓은 재료를 믹서에 곱게 갈아 배 소스를 만든다.

● 배 미음

쌀미음 1$\frac{1}{2}$ 큰술에 배 소스 1$\frac{1}{2}$ 큰술을 넣고 고루 섞는다. 얼려둔
미음을 사용할 때는 중탕을 하거나 찜냄비에 데워 사용한다.

사과 미음

재료

사과 소스
사과 1개(큰 것)
물 $\frac{1}{2}$ 컵

사과 미음
쌀미음(16쪽 참고) 1$\frac{1}{2}$ 큰술
사과 소스 1$\frac{1}{2}$ 큰술

● 사과 소스

1 사과(1개)는 껍질을 깎아 씨를 제거한 뒤 잘게 썬다.

2 냄비에 썰어놓은 사과와 물 $\frac{1}{2}$ 컵을 넣는다.
뚜껑을 닫고 중간 불에 8~10분간 끓인 후 불을 끄고 식힌다.

3 식혀놓은 재료를 믹서에 곱게 갈아 사과 소스를 만든다.

● 사과 미음

쌀미음 1$\frac{1}{2}$ 큰술에 사과 소스 1$\frac{1}{2}$ 큰술을 넣고 고루 섞는다. 얼려둔 미음을 사용할 때는 중탕을 하거나 찜냄비에 데워 사용한다.

사과 미음을 먹이고서 4, 5일이 지나면 단호박 미음을 먹여보렴.

단호박 미음

재료

쌀미음(16쪽 참고) $1\frac{1}{2}$ 큰술   끓여서 식힌 물 1큰술
단호박(쪄서) 1큰술

 가로, 세로 5cm 정도로 썬 단호박 1토막을 찜통에 넣고 무르게 찐다.
찐 단호박을 숟가락으로 잘 으깬 후 물 1큰술을 조금씩 넣어가며 곱게 갠다.

 2. 묽게 갠 단호박을 고운체로 거른다.

 3. 곱게 거른 단호박에 쌀미음 $1\frac{1}{2}$ 큰술을 고루 섞는다.

단호박 미음을 먹이고서 4, 5일 후에는 고구마·모유 미음을 먹여보렴.

고구마·모유 미음

재료

고구마(쪄서) 2큰술, 모유(또는 아기 전용 우유) 3큰술

만드는 방법

1   고구마는 껍질을 벗겨 씻은 뒤 길이로 2~3토막을 내어 찜통에 아주 무르게 쪄낸다.
    다 익은 고구마는 식기 전에 으깬다.

2   으깬 고구마 2큰술에 모유(또는 아기 전용 우유) 3큰술을 조금씩 섞
    어가며 숟가락으로 곱게 갠다.

3   곱게 갠 고구마를 고운체에 거른다.

새아가에게

5개월이 되면 아기는 처음 이유식을 접하게 되는데 이때는 젖꼭지에 익숙한 아기에게 숟가락으로 음식을 받아 먹는 연습을 시키는 준비 기간이므로, 억지로 먹이려 하거나 많이 먹이려고 하기보다 조금씩 먹이면서 이유식이 재미있고 맛있다는 느낌을 주도록 하면 좋겠구나.

요즘 나라가 미열이 나기도 하고 보채며 무엇이든 입에다 넣으려 한다니, 아마도 이가 나려고 잇몸이 아프고 간지러운 듯하구나. 잇몸을 문지르는 장난감도 좋지만, 끓여서 식힌 물을 젖병에 ⅓쯤 담아 뚜껑을 닫고 냉동실에 거꾸로 세워 얼려놓았다가 젖꼭지 부분을 찬물에 깨끗이 씻어 빨게 하렴. 찬 젖꼭지가 잇몸을 시원하게 마사지를 해준다는구나. 우유병 2개 정도에 물을 넣어 얼려놓았다가 필요할 때 사용하도록 하렴.

5개월이 되면 아기는 귀가 발달해 소리에 민감해지고 사람들의 목소리도 구별하며, 음악 소리를 좋아한다는구나. 그리고 눈도 발달해 모두 입체로 보이고 선명한 색깔을 좋아한다는구나.

이에 맞춰, 만지면 음악이 나오는 선명한 색깔의 장난감 하나를 사놓았단다. 그리고 나라가 목욕하는 것을 좋아한다고 해서 목욕탕에서 가지고 놀 수 있는 오리와 돌고래 장난감도 사두었으니 함께 보내도록 하마.

직장 생활 하랴, 살림하랴, 엄마 노릇 하랴 24시간으로도 모자란 너를 생각하면 몹시 안쓰럽구나. 늘 자연식을 챙겨 먹고 모자라는 잠을 주말에 좀 자두렴.

그럼 이만 마친다. 건강히 잘 지내거라.

6개월

새아가에게

어느새 7월을 지나 여름이 한창 무르익어가는구나. 앞뜰에는 보랏빛 수국이 그 우아한 자태를 자랑하고, 나리는 꽃대를 길게 늘어뜨리고 한가로이 노란 나팔을 불고 있단다.

그동안 잘 지냈니? 나라가 몹시 보고 싶다만 너희들이 실험실 일로 너무 바쁘다니, 메일로 보내온 사진으로 보고 싶은 마음을 달랠 수밖에…….

참! 나라가 이유식을 잘 먹는다니 정말 기쁘구나. 이젠 5개월을 지나 6개월이 됐으니, 여러 가지 채소와 통곡식 가루를 넣어 이유식을 만들어보았단다. 통곡식 가루는 지난번에 집에서 찧어 보낸 유기농 통곡식 가루를 쓰도록 하렴.

그리고 6개월부터는 하루에 한 번 먹이던 이유식을 아침, 저녁으로 각각 한 번씩 하루에 두 번 먹이도록 하려무나. 5개월 때보다는 좀 더 많은 양의 이유식을 자주 먹이게 되니, 주말에 많은 양을 한꺼번에 만들어 얼음 틀에 각각 1½큰술씩 넣어 얼린 뒤 얼음 틀에서 꺼내 지퍼 팩에 담아 냉동 보관하렴. 지퍼 팩에는 이유식 이름과 날짜를 반드시 적어두어야 한단다. 냉동 보관한 것은 필요할 때마다 한두 개씩 꺼내 중탕하거나 찜통에 데워 먹이도록 하렴.

이유식 재료는 되도록 유기농 식품을 사용하는 것이 좋겠구나.

그럼 6개월에 먹일 이유식 레시피를 하나씩 적어보마.

유기농 통곡식 가루를 만들려면 유기농 통곡식을 사서 방앗간에 맡기거나, 유기농 통곡식을 씻어 밤새 불렸다가 믹서에 갈면 된단다. 통곡식 가루는 좀 더 넉넉히 준비해 냉동실에 두고 팬케이크나 수제비, 전, 부침개 등을 할 때 사용해도 좋단다. 오트밀(귀리)은 납작하게 압착한 것을 사용하려무나.

애호박 미음

퓌레(purée)는 채소나 고기를 갈아서 체로 걸러 걸쭉하게 만든 음식을 말한다.

재료

쌀미음
불린 쌀 2큰술
물 $1\frac{1}{5}$컵

애호박 퓌레
애호박(썰어서) 1컵
물 $\frac{1}{2}$컵

17쪽을 참고해 두 배 분량의 쌀미음을 미리 준비한다.

● 애호박 퓌레

1 애호박은 1cm 크기로 깍둑썰기 한다.

2 냄비에 썰어놓은 애호박 1컵과 물 $\frac{1}{2}$컵을 넣는다. 냄비 뚜껑을 닫고 센 불에 8~9분간 끓인 뒤 식힌다.

3 식힌 재료를 믹서에 곱게 갈아 퓌레를 만든다.

● 애호박 미음

만들어놓은 쌀미음에 애호박 퓌레를 넣고 고루 섞는다.

채소를 적당히 삶아 만든 묽은 채소 퓌레에 쌀미음을 섞어 만드는 채소 미음은, 쌀과 채소를 함께 넣어 만든 채소 미음보다 비타민과 미네랄이 훨씬 덜 파괴되어 영양가가 높단다. 미국과 영국 등에서는 갖가지 통곡식 가루를 조금 섞어 만든 채소 퓌레나 과일 퓌레를 슈퍼 베이비 푸드(super baby food)라고 하여 5~6개월 이유식으로 주로 먹이며, 일본에서는 채소를 따로 살짝 익혀 만든 퓌레를 쌀미음에 조금씩 섞어 만든 채소 미음이나 과일 퓌레를 먹인다고 하더구나. 그래서 동서양의 좋은 점을 알맞게 조화시켜보았단다.

브로콜리 미음

재료

쌀미음
불린 쌀 2큰술
물 $1\frac{1}{5}$컵

브로콜리 퓌레
브로콜리(송이 부분만 썰어서) 1컵
물 $\frac{2}{3}$컵

17쪽을 참고해 두 배 분량의 쌀미음을 미리 준비한다.

● 브로콜리 퓌레

1 송이 부분만 손질한 브로콜리를 1cm 크기로 썬다.

2 작은 냄비에 썰어놓은 브로콜리와 물 ⅔컵을 넣는다. 냄비 뚜껑을 닫고 센 불에 8~9분간 끓인 뒤 식힌다.

3 식힌 재료를 믹서에 곱게 갈아 퓌레를 만든다.

● 브로콜리 미음

만들어놓은 쌀미음에 브로콜리 퓌레를 넣고 고루 섞는다.

아스파라거스 미음

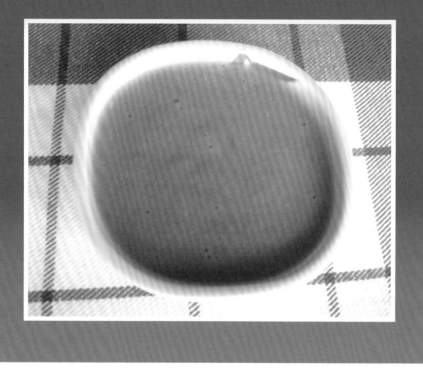

재료

쌀미음
불린 쌀 2큰술
물 $1\frac{1}{5}$ 컵

아스파라거스 퓌레
아스파라기스(썰어서) 1컵
물 $\frac{1}{2}$ 컵

17쪽을 참고해 두 배 분량의 쌀미음을 미리 준비한다.

● 아스파라거스 퓌레

┃ 손질해둔 아스파라거스를 1cm 두께로 둥글게 썬다.

2 작은 냄비에 썰어놓은 아스파라거스
  1컵과 물 $\frac{1}{2}$ 컵을 넣는다. 냄비 뚜껑
  을 닫고 센 불에 8~9분간 끓인 뒤 식
  힌다.

3 식힌 재료를 믹서에 곱게 갈아 퓌레를 만든다.

● 아스파라거스 미음

만들어놓은 쌀미음에 아스파라거스 퓌레를 넣고 고루 섞는다.

현미·배 미음

재료

배 퓌레
배 $\frac{1}{2}$ 개
물 $\frac{1}{4}$ 컵

현미·배 미음
현미 가루(또는 불린 현미) 2큰술
물 1컵(불린 현미를 사용할 때는 물 $\frac{4}{5}$ 컵)

만드는 방법

● 배 퓌레

1 배(½개)는 껍질을 벗겨 잘게 썬다.

2 작은 냄비에 배와 물 ¼컵을 넣는다. 냄비 뚜껑을 닫고 중간 불에 8분간 끓인 뒤 식힌다.

3 식힌 재료를 믹서에 곱게 갈아 퓌레를 만든다.

● 현미 · 배 미음

현미 가루 사용 시

작은 냄비에 현미 가루 2큰술과 물 1컵을 넣고 고루 섞는다.

불린 현미 사용 시

불린 현미 2큰술과 물 $\frac{4}{5}$컵을 믹서에 넣고 갈아 냄비에 담는다.

1 풀어놓은 현미 가루(또는 불린 현미 간 것)가 담긴 냄비를 센 불에 올려 뚜껑을 닫고 1~2분간 끓이다가, 한소끔 끓으면 중간 불에 주걱으로 저어가며 3~5분간 더 끓인다.

2 식힌 현미 미음에 배 퓌레를 넣고 주걱으로 고루 섞는다.

현미·배 미음을 먹인지 4, 5일쯤 후에 아보카도·모유 미음을 먹여보렴.

아보카도·모유 미음

재료

잘 익은 아보카도 $\frac{1}{2}$ 개   모유(또는 아기 전용 우유) 3큰술

1 아보카도(½개)는 숟가락으로 과육을 살살 긁어내 오목한 그릇에 담아 으깬다.

2 으깨어놓은 아보카도에 모유(또는 아기 전용 우유) 3큰술을 조금씩 넣어가며 곱게 갠다.

3 개어놓은 아보카도를 고운체로 거른다.

아보카도는 올레인산이라는 불포화지방산이 풍부해 아이의 두뇌 발달에 매우 좋으므로, 영국, 미국, 일본에서 이유식 재료로 널리 사용된단다.

오트밀·사과 미음

재료

사과 퓌레
사과(썰어서) 1컵
물 $\frac{1}{2}$ 컵

오트밀·사과 미음
오트밀 가루 2큰술
물 1컵
사과 퓌레 $\frac{1}{2}$ 컵

● 사과 퓌레

1 작은 냄비에 잘게 썬 사과 1컵과 물 $\frac{1}{2}$컵을 넣는다. 냄비 뚜껑을 닫고 8~9분간 중간 불에 끓인 뒤 식힌다.

 2 식힌 재료를 믹서에 곱게 갈아 퓌레를 만든다.

● 오트밀 · 사과 미음

 1 작은 냄비에 오트밀 가루 2큰술과 물 1컵을 넣고 주걱으로 고루 섞는다.
뚜껑을 닫고 센 불에 1~2분간 끓이다가, 뚜껑을 열고 주걱으로 저으면서 중간 불에 4~5분간 더 끓인 뒤 식힌다.

 2 식힌 오트밀 미음에 사과 퓌레를 넣고 고루 섞는다.

단호박 수프

재료

쇠고기 육수
쇠고기(홍두깨살) 100g
물 3컵

단호박 수프
단호박(썰어서) $1\frac{1}{2}$ 컵
양파(중간 크기) $\frac{1}{2}$ 개
현미 가루(또는 불린 현미) 2큰술
쇠고기 육수 $1\frac{1}{2}$ 컵

● 쇠고기 육수

 1 쇠고기 100g을 찬물에 잠깐 담갔다가 키친타월로 물기를 제거한다.
냄비에 쇠고기와 물 3컵을 넣고 뚜껑을 닫아 센 불에 끓인다.

2 한소끔 끓으면 거품을 완전히 걷어내고, 중간 불에 1시간 이상 끓여 식힌다.

  3 식힌 육수는 냉장고에 1시간 정도 두었다가 꺼내, 기름을 걷어낸다. 체와 면 보자기에 육수를 거른다.

● 단호박 수프

 1 단호박은 1cm 크기로 깍뚝썰기 한다.
양파도 1cm 크기로 네모나게 썬다.

 2 중간 크기의 냄비에 썰어놓은 단호박 1컵과 양파, 쇠고기 육수 1¼컵을 넣는다. 냄비 뚜껑을 닫고 중간 불에 8분 정도 끓인 뒤 식힌다.

 3 식힌 재료를 믹서에 곱게 간다.

4 쇠고기 육수 ¼컵에 현미 가루 2큰술을 잘 풀어놓는다(불린 현미를 사용할 경우에는 육수 ¼컵을 함께 넣고 믹서에 간다).

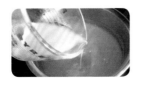 5 중간 크기의 냄비에 ③과 현미 가루 풀어놓은 것을 넣고 주걱으로 천천히 저어가며 끓이다가, 국물이 걸쭉해지기 시작하면 불을 끄고 식힌다.

브로콜리 수프

재료

브로콜리(송이 부분만 썰어서) 1$\frac{1}{2}$ 컵
양파(중간 크기) $\frac{1}{2}$ 개

현미 가루(또는 불린 현미) 2큰술
쇠고기 육수(45쪽 참고) 1$\frac{1}{2}$ 컵

1 송이 부분만 손질한 브로콜리는 1cm 크기로 썬다.
양파도 1cm 크기로 네모나게 썬다.

2 중간 크기의 냄비에 썰어놓은 브로콜리와 양파를 넣고 쇠고
기 육수 1$\frac{1}{4}$컵을 붓는다. 냄비 뚜껑을 닫고 중간 불에 8분
정도 끓인 후 식힌다.

3 식힌 재료를 믹서에 곱게 간다.

4 오목한 그릇에 쇠고기 육수 $\frac{1}{4}$컵과 현미 가루 2큰술을 넣어 잘 풀어놓는다(불린 현미를 사
용할 경우에는 육수 $\frac{1}{4}$컵을 함께 넣고 믹서에 간다).

5 중간 크기의 냄비에 ③와 현미 가루 풀어놓은 것을 넣고 주
걱으로 천천히 저어가며 끓이다가, 국물이 걸쭉해지기 시작
하면 불을 끄고 식힌다.

아이가 이유식을 먹게 되면 먹기 전보다 신장에 부담을 주므로, 이유식 외에도
끓여서 식힌 물을 꼭 먹여야 한다는구나. 이유식을 한 숟가락 정도 먹인 후 물
을 먹이도록 하렴. 그리고 조금씩 양을 늘려 하루에 125~160ml 정도 먹이면
좋다는구나.

6개월이 되면 아기는 소리에 더 예민해지고, 좋음과 싫음, 편안함과 불편함 등을 느껴 정서가 형성되며, 기억력이 생기기 시작한다는구나. 일상의 리듬을 규칙적으로 하여 아기를 가장 편안하고 행복하게 해주려무나. 그리고 같이 있을 땐 항상 아기와 한마음이 되어 이야기해주고, 노래를 많이 불러주도록 하렴. 아기가 무엇을 원하는지 즉시즉시 감지해 편안하고 강한 믿음을 갖도록 주의를 기울여야 한단다. 엄마와 아기와의 강한 믿음이 자신과 세상에 대한 믿음으로 발전하게 된다는구나.

이번에는 비닐로 된 그림책을 보내니 나라가 기분이 좋을 때 읽어주도록 하렴. 아기가 6개월이 되면 공 굴리는 걸 좋아하며, 만지면 소리 나는 장난감을 좋아한다는구나. 예쁜 공과 만지면 음악이 나오는 작은 인형도 함께 부친다.

7~8개월

새아가에게

입추가 지나니 햇살은 아직 따가우나 아침, 저녁으로 시원한 바람이 불기 시작하는구나.

어느새 뒤뜰에는 들국화가 청초한 꽃봉오리를 터뜨리며 가을이 다가오는 것을 알려준단다.

인터넷으로 보낸 사진과 동영상을 보니 나라가 그새 많이 자랐더구나. 이제 이유식을 잘 먹는다니 슬슬 가짓수를 늘릴 때가 된 듯하구나. 만 7개월이 되면 모유의 영양소 외에도 여러 가지 영양소가 아기 발육에 필요하게 된다는구나. 그래서 브로콜리, 콜리플라워, 당근, 배추, 무, 양배추, 애호박, 완두콩 등 채소와 다양한 과일 그리고 달걀노른자, 흰 살 생선, 고기, 닭고기나 쇠고기로 만든 육수, 현미가루, 쌀 등으로 이유식을 만들어봤단다.

이제부터는 아기가 점점 더 왕성하게 발육을 하니 아침, 점심, 저녁 하루 세 번 이유식을 먹이려무나. 아침에는 달걀노른자·쌀미음이나 달걀노른자·오트밀 미음을 으깬 아보카도와 하루걸러 번갈아 먹이는데, 반드시 생과일 퓌레랑 같이 먹이도록 하거라(되도록 비타민이 담뿍 든 유기농 과일을 사용하렴). 그리고 점심과 저녁에도 과일 퓌레를 조금씩 먹이면서 이유식을 주도록 하려무나.

7개월이 지나면 더 많은 이유식을 다양하게 먹게 되니 양이랑 가짓수가 많아진단다. 주중에는 일하느라 바쁠 테니 주말에 시간을 내어 한꺼번에 두세 종류의 이유식을 넉넉히 만들어, 얼음 틀에 각각 2큰술씩 담아 냉동시켰다가 틀에서 꺼내 비닐 팩에 담아 냉동 보관하렴. 비닐 팩에는 이유식 이름과 만든 날짜를 반드시 표기해놓아야 한단다. 냉동 보관한 이유식은 필요한 양만큼 꺼내 중탕을 하거나 찜통에 데워 사용하렴.

이유식 냉동법은 영국, 미국, 일본의 이유식 책에서 추천하는 방법인데, 이렇게 하면 맛이나 영양에서 처음 만들었을 때랑 거의 차이가 없고, 사용하기에 편리하기 때문이란다. 단 몇 가지 주의할 점이 있단다.

1. 이유식을 만들 때 냉동 재료는 절대 사용하지 말고, 반드시 신선한 재료를 사용하렴.
2. 냉동한 이유식은 반드시 냉장실에서 해동하고, 바로 사용할 때는 중탕을 하거나 찜통에 데워 사용하렴. 실온에서 해동하면 안 된단다.
3. 먹이다가 남은 이유식은 다시 냉동하거나 먹이면 안 된단다.
4. 냉동 팩에는 꼭 날짜를 적어두고, 만든 날로부터 6주 이내에 먹이렴.

그럼 먼저 쇠고기 육수, 닭고기 육수, 다시마와 표고버섯 국물(맛국물) 만드는 방법부터 써보기로 할게.

쇠고기 육수

재료

쇠고기(홍두깨살) 100g, 물 3컵, 양파 $\frac{1}{4}$ 개(40g), 대파 뿌리 1~2개(25g)

만드는 방법

1. 쇠고기 100g을 찬물에 살짝 담갔다가 키친타월로 물기를 제거한다.

2. 중간 크기의 냄비에 쇠고기, 양파, 대파 뿌리를 넣고 물 3컵을 부어 센 불에 끓인다.

3. 한소끔 끓으면 거품을 걷어내고, 중간 불에 1시간 30분 정도 은근히 끓인다.

4. 식힌 육수를 냉장고에 1시간쯤 두었다가, 체와 면 보자기로 밭쳐 기름과 불순물을 걷어 낸다.

닭고기 육수

재료

닭 가슴살 150g, 물 5컵, 양파 1개(100g), 당근 $\frac{1}{2}$ 개(50g), 셀러리 1대(70g)

만드는 방법

1. 닭 가슴살 150g은 지방과 힘줄을 떼어내고 찬물에 살짝 씻어 키친타월로 물기를 제거한 뒤 잘게 썰어 곱게 다진다.

2. 중간 크기의 냄비에 닭 가슴살과 다듬어놓은 양파, 당근, 셀러리를 넣고 물 5컵을 부어 센 불에 끓인다.

3. 한소끔 끓으면 거품을 걷어내고, 중간 불에 1시간 30분 정도 은근히 끓인다.

4. 식힌 육수를 냉장고에 1시간쯤 두었다가, 체와 면 보자기로 밭쳐 기름과 불순물을 걷어낸다.

다시마와 마른 표고버섯 국물
(맛국물)

마른 표고버섯

시중에 파는 말린 표고버섯은 대부분 중국산이기 때문에 생표고버섯을 사다가 햇볕에 2~3일간 말려 사용한다. 직접 말린 표고버섯은 안전하며, 비타민 D가 풍부해 마음 편히 이유식을 만들 수가 있다.

표고버섯은 갓이 안으로 약간 말려 있고, 두꺼우며, 짙은 황갈색을 띤 것을 고르면 된다.

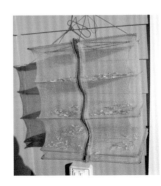

표고버섯은 갓만 떼어내어 키친타월로 살짝 닦아 5~6mm 두께로 썬다. 망태기에 고루 펴서 햇볕이 잘 들고 통풍이 잘 되는 곳에서 2~3일 동안 말린다. 사용하고 남은 것은 지퍼팩에 넣어 냉동 보관했다가 필요할 때 사용한다.

다시마와 마른 표고버섯 국물(이하 맛국물) 만드는 방법

재료
5cm 크기로 네모나게 자른 다시마 4장, 마른 표고버섯 8g, 물 4컵

1. 중간 크기의 냄비에 물 4컵을 붓고 깨끗이 씻은 다시마와 말린 표고버섯을 15~20분간 담가놓았다가 중간 불에 끓인다. 한소끔 끓어오르면 불을 끄고 식힌다.

2. 식힌 국물을 체와 면 보자기로 받쳐 거른다.

7개월부터는 맛국물에 채소를 넣어 단시간에 끓여낸 국물에 미음 대신 부드러운 덩어리가 섞인 8배 쌀죽과 현미 가루를 넣고, 여기에 익힌 어패류나 고기를 넣어 죽을 만들어보려고 한단다.

우선 가장 기본이 되는 8배 쌀죽 끓이는 방법을 써보도록 하마.

8배 쌀죽 만드는 방법

재료
불린 쌀 6큰술, 물 3컵

1. 중간 크기의 냄비에 쌀 6큰술과 물 3컵을 넣는다. 중간 불에 냄비 뚜껑을 열고 30분간 끓인다. 끓이는 동안 바닥이 눌어붙지 않게 주걱으로 자주 저어준다.

2. 죽 상태가 되어가면 한 번 더 저어 뚜껑을 닫고 10분간 약한 불에 뜸을 들인다.

달걀노른자·쌀미음

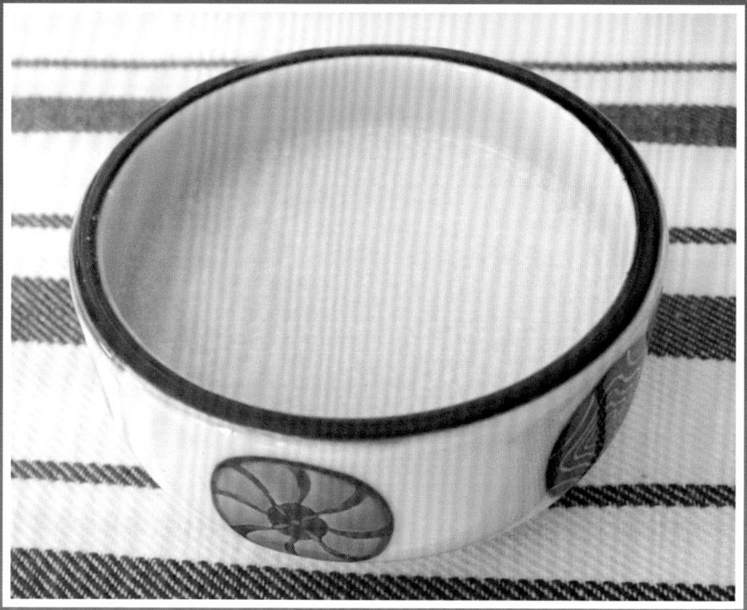

재료

8배 쌀죽(55쪽 참고) 2큰술
달걀노른자(완숙) $\frac{1}{2}$개
끓여서 식힌 물 1큰술

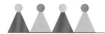

1 작은 냄비에 달걀을 넣고 잠길 정도로 물을 붓는다.

냄비 뚜껑을 닫고 센 불에 끓이다가 한소끔 끓어오르면, 중간 불로 줄이고 10~15분 정도 더 끓인다.

불을 끄고 달걀을 꺼내 오목한 그릇에 담아 흐르는 물에 5분 이상 식힌다.

2 작은 밥공기에 달걀노른자 $\frac{1}{2}$ 개를 넣고 숟가락으로 으깬다. 여기에 식힌 물 1큰술을 조금씩 섞어가며 묽게 갠다.

3 8배 쌀죽 2큰술에 묽게 갠 달걀노른자를 넣고 고루 섞는다.

처음 몇 번은 8배 쌀죽을 체에 걸러 다른 재료와 섞어 먹이다가, 아이가 잘 먹기 시작하면 8배 쌀죽을 체에 거르지 말고 섞어 먹이렴.

달걀노른자·오트밀 미음

재료

오트밀 가루 1큰술
물 $\frac{1}{2}$컵
달걀노른자(완숙) $\frac{1}{2}$개
끓여서 식힌 물 1큰술

1 작은 냄비에 오트밀 가루 1큰술과 물 $\frac{1}{2}$컵을 넣고, 중간 불에 주걱으로 천천히 저어가며 5분간 끓인다.

2 완숙한 달걀노른자($\frac{1}{2}$개)에 물 1큰술을 조금씩 넣어가며 숟가락으로 곱게 갠다.

3 오트밀 미음에 풀어놓은 달걀노른자를 고루 섞는다.

완두콩 수프

재료

완두콩 1컵
닭고기 육수(53쪽 참고) $1\frac{3}{4}$ 컵

양파 $\frac{1}{2}$ 개
현미 가루(또는 불린 현미) $1\frac{1}{2}$ 큰술

1 완두콩은 깨끗이 씻는다.

양파 $\frac{1}{2}$개는 1cm 크기로 네모나게 썬다.

2 중간 크기의 냄비에 완두콩과 양파, 닭고기 육수 1$\frac{1}{2}$컵을 넣고 중간 불에 10분 이상 끓인다.

완두콩이 무르게 익었는지 확인한 후 불을 끈다.

3 ②를 내열강화유리그릇에 옮겨 식힌다.

4 식힌 완두콩과 육수를 믹서에 간다.

5 닭고기 육수 $\frac{1}{4}$컵에 현미 가루 1$\frac{1}{2}$큰술을 풀어놓는다(불린 현미를 쓸 경우에는 닭고기 육수 $\frac{1}{4}$컵을 함께 넣고 믹서에 간다).

6 ④에 현미 가루 풀어놓은 것을 넣고 센 불에 주걱으로 천천히 저어가며 끓인다. 한소끔 끓으면 불을 끈다.

흰 살 생선·채소 죽

재료

맛국물(55쪽 참고) 2컵
8배 쌀죽(55쪽 참고) 1컵
광어(살 부분만) 90g
브로콜리(썰어서) 1컵

콜리플라워(썰어서) $\frac{1}{3}$ 컵
애호박(썰어서) $\frac{1}{4}$ 컵
양파(썰어서) $\frac{1}{3}$ 컵
현미 가루(또는 불린 현미) 2큰술

1 송이 부분만 손질한 브로콜리, 콜리플라워를 1cm 크기로 썬다. 애호박과 양파는 7mm 크기로 썬다.

2 중간 크기의 냄비에 썰어놓은 채소와 맛국물 1$\frac{3}{4}$컵을 넣고 중간 불에 8~9분간 끓인다. 다 끓으면 내열강화유리그릇에 옮겨 식힌다.

3 끓인 채소와 국물을 식히는 동안 광어 90g을 내열강화유리그릇에 담아 찜통에 넣는다. 젓가락 등으로 익었는지 확인하며 쪄낸다. 쪄낸 광어는 식힌 후 손으로 조심스럽게 잔가시를 발라낸다.

4 식혀놓은 채소와 국물을 믹서에 넣고 간다.

5 맛국물 $\frac{1}{4}$컵에 현미 가루 2큰술을 풀어놓는다(불린 현미를 쓸 경우에는 맛국물 $\frac{1}{4}$컵을 함께 넣고 믹서에 간다).

6 ④와 광어, 8배 쌀죽 1컵, 현미 가루 풀어놓은 것을 넣고, 센 불에 주걱으로 저어가며 끓인다. 한소끔 끓으면 불을 끈다.

쇠고기·채소 죽

재료

8배 쌀죽(55쪽 참고) 1컵
맛국물(55쪽 참고) 2컵
쇠고기(홍두깨살) 80g
브로콜리(송이 부분만 썰어서) 1컵
콜리플라워(송이 부분만 썰어서) $\frac{1}{4}$ 컵

양파(중간 크기) $\frac{1}{2}$ 개
애호박(썰어서) $\frac{1}{4}$ 컵
당근(썰어서) $\frac{1}{3}$ 컵
현미 가루(또는 불린 현미) 2큰술

1 쇠고기 80g을 찬물에 살짝 씻어 키친타월로 물기를 제거한
뒤 7mm 크기로 썬다.

송이 부분만 손질한 브로콜리, 콜리플라워를 1cm 크기로 썬다.

양파와 애호박은 7mm 크기로 썬다.

당근은 다른 채소보다 잘게 썰어놓는다.

2 중간 크기의 냄비에 쇠고기와 맛국물 1 $\frac{3}{4}$ 컵을 넣고 중간 불
에 8~10분간 끓인다. 다 익은 쇠고기는 건져내고, 쇠고기를
갈 때 쓸 육수도 $\frac{1}{3}$ 컵 정도 덜어놓는다.

3 끓여놓은 육수에 준비한 채소를 모두 넣고 뚜껑을 닫아 중간
불에 채소가 무르게 익도록 7~8분간 끓인다.

다 끓으면 내열강화유리그릇에 옮겨 식힌다.

4 믹서에 건져놓은 쇠고기와 덜어놓은 육수 $\frac{1}{3}$ 컵을 넣고 곱
게 갈아 냄비에 붓는다.

5 ③도 믹서에 간다.

6 맛국물 $\frac{1}{4}$ 컵에 현미 가루 2큰술을 풀어놓는다(불린 현미를 쓸 경우에는 맛국물 $\frac{1}{4}$ 컵을 함
께 넣고 믹서에 간다).

7 중간 크기의 냄비에 ④와 ⑤를 넣고 고루 섞는다. 여기에 8배 쌀죽 1컵과 현미 가루 풀어놓
은 것을 넣고 센 불에 주걱으로 저어가며 끓인다. 한소끔 끓으면 불을 끈다.

단호박·분유 수프

재료

닭고기 육수(53쪽 참고) $1\frac{1}{2}$ 컵

단호박(썰어서) $1\frac{1}{2}$ 컵

양파 $\frac{1}{2}$ 개

분유 3큰술

현미 가루(또는 불린 현미) 2큰술

1 단호박은 1cm 크기로 깍둑썰기 한다.
양파도 같은 크기로 네모나게 썬다.

2 냄비에 썰어놓은 단호박과 양파,
닭고기 육수 1¼컵을 넣는다.
냄비 뚜껑을 닫고 중간 불에 단호
박이 무르게 익도록 8~10분간 끓
인 후 불을 끄고 식힌다.

3 식힌 채소와 육수를 믹서에 넣고 간다.

4 닭고기 육수 ¼컵에 분유 3큰술과 현미 가루 2큰술을 풀어
놓는다(불린 현미를 쓸 경우에는 닭고기 육수 ¼컵을 반으
로 나누어 반은 현미와 같이 믹서에 넣어 갈고, 반은 분유
를 풀어놓는다).

5 ③에 현미 가루 푼 것을 넣고 센 불에 주걱으로 저어가며 끓
인다. 한소끔 끓으면 불을 끈다.

닭고기·채소 죽

재료

8배 쌀죽(55쪽 참고) 1컵

닭고기 육수(53쪽 참고) 2컵

닭 가슴살 80g

브로콜리(송이 부분만 썰어서) $\frac{2}{3}$ 컵

콜리플라워(송이 부분만 썰어서, 또는 양배추) $\frac{1}{3}$ 컵

양파(썰어서) $\frac{1}{2}$ 컵

피망(썰어서) 1큰술

빨간 파프리카(썰어서) 1큰술

통보릿가루(또는 현미 가루) 2큰술

1 닭 가슴살 80g은 지방과 힘줄을 떼어내고 살짝 씻어 키친타월로 물기를 제거한 뒤 7mm 크기로 썬다.
송이 부분만 손질한 브로콜리, 콜리플라워를 1cm 크기로 썬다.
양파는 1cm 크기로 네모나게 썬다.
피망과 빨간 파프리카도 5mm 크기로 썬다.

2 중간 크기의 냄비에 닭 가슴살과 닭고기 육수 1¾컵을 넣는다. 냄비 뚜껑을 닫고 중간 불에 8~10분간 끓인다. 닭 가슴살은 건져내고, 닭 가슴살을 갈 때 쓸 육수 ⅓컵도 따로 덜어낸다.

3 끓인 닭고기 육수에 준비해둔 채소를 모두 넣는다.
냄비 뚜껑을 닫고 중간 불에 채소가 무르게 익도록 7~8분간 끓인 뒤 불을 끄고 식힌다.

4 닭고기 육수 ¼컵에 통보릿가루(또는 현미 가루) 2큰술을 풀어놓는다.

5 건져놓은 닭 가슴살과 덜어놓은 육수 ⅓컵을 믹서에 넣고 곱게 간다.

6 ③도 믹서에 곱게 간다.

 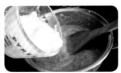 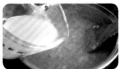

7 중간 크기의 냄비에 ⑥을 넣고, ⑤와 8배 쌀죽 1컵, 통보릿가루 풀어놓은 것을 주걱으로 잘 섞어가며 센 불에 끓인다. 한소끔 끓으면 불을 끈다.

연어·채소 죽

재료

8배 쌀죽(55쪽 참고) 1컵

맛국물(55쪽 참고) 1컵

물 1컵

연어(살 부분만) 90g

브로콜리(송이 부분만 썰어서) 1$\frac{1}{4}$ 컵

콜리플라워(송이 부분만 썰어서) $\frac{1}{3}$ 컵

양파(썰어서) $\frac{1}{2}$ 컵

현미 가루(또는 불린 현미) 2큰술

레몬 조금

1 연어 90g을 씻어 키친타월로 물기를 제거한 뒤 레몬 즙을 발라놓는다.

송이 부분만 손질한 브로콜리, 콜리플라워를 1cm 크기로 썬다. 양파도 7mm 크기로 썬다.

2 중간 크기의 냄비에 채소와 맛국물 1컵, 물 $\frac{3}{4}$컵을 넣고 중간 불에 8분 정도 끓인다. 다 끓으면 불을 끄고 내열강화유리그릇에 부어 식힌다.

3 연어는 넓은 내열강화유리그릇에 담아 찜통에 넣는다. 젓가락 등으로 익었는지 확인하며 쪄낸다(너무 익히지 않는다). 찐 연어를 식힌 후 손으로 잔가시를 조심스럽게 발라낸다.

4 식힌 채소와 국물을 믹서에 넣어 곱게 간다.

5 물 $\frac{1}{4}$컵에 현미 가루 2큰술을 풀어놓는다(불린 현미를 쓸 경우에는 물 $\frac{1}{4}$컵을 함께 넣고 믹서에 간다).

  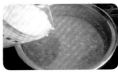 

6 ④에 연어, 8배 쌀죽 1컵, 현미 가루 풀어놓은 것을 넣고 센 불에 주걱으로 저어가며 끓인다. 끓기 시작하면 불을 끈다.

생선 살을 별도의 용기에 담지 않고 찌면 오메가3와 생선 즙을 버리게 되므로 꼭 용기에 담아서 찌렴.

닭고기 스튜 퓌레

재료

닭고기 육수(53쪽 참고) $1\frac{3}{4}$ 컵
닭 가슴살 100g
양파(썰어서) $\frac{1}{4}$ 컵
대파(썰어서) $\frac{1}{4}$ 컵

당근(썰어서) $\frac{1}{2}$ 컵
감자(썰어서) 1컵
방울 토마토 2개
포도씨유 조금

 닭 가슴살 100g은 지방과 힘줄을 떼어내고 깨끗이 씻어 키
친타월로 물기를 제거한 뒤 7mm 크기로 썬다.

양파, 당근, 감자는 7mm 크기로 썬다.

대파는 흰 대 부분만 7mm 크기로 썬다.

방울토마토는 깨끗이 씻는다.

  2 중간 크기의 냄비에 포도씨유를 두
르고 중간 불에 3~4분간 볶는다.

여기에 닭 가슴살을 넣고 1~2분
간 볶다가 방울토마토를 넣어 다시
1~2분간 볶는다.

 3 ②에 닭고기 육수 1$\frac{3}{4}$컵을 붓고 뚜껑을 닫아 끓인다. 한소
끔 끓으면 불을 약하게 줄이고 20분간 더 끓인다.

 4 ③을 내열강화유리그릇에 부어 식힌다.

 5 ④를 믹서기에 곱게 간다.

쇠고기 스튜 퓌레

재료

쇠고기 육수(52쪽 참고) $1\frac{3}{4}$ 컵

쇠고기(홍두깨살) 100g

양파(썰어서) $\frac{1}{4}$ 컵

대파(썰어서) $\frac{1}{4}$ 컵

당근(썰어서) $\frac{1}{3}$ 컵

고구마(썰어서) 1컵

방울토마토 2개

버터 조금

1 쇠고기 100g을 찬물에 살짝 씻어 키친타월로 물기를 제거한 뒤 7mm 크기로 썬다.

양파, 당근, 고구마는 7mm 크기로 썬다.

대파는 흰 대 부분만 7mm 크기로 썬다.

방울토마토는 깨끗이 씻어놓는다.

2 중간 불에 냄비를 올리고 달궈지면 버터를 녹여 양파와 대파를 3~4분간 볶는다. 여기에 쇠고기를 넣어 1~2분간 볶다가 방울토마토를 넣고 다시 1~2분간 볶는다.

3 ②에 쇠고기 육수 $1\frac{3}{4}$컵을 붓고 뚜껑을 닫아 끓인다.

한소끔 끓으면 불을 약하게 줄이고 20분 정도 더 끓인다.

4 ③을 내열강화유리그릇에 부어 식힌다.

5 ④를 믹서기에 곱게 간다.

으깬 아보카도

재료 아보카도 $\frac{1}{4}$개

● 잘 익은 아보카도는 반으로 갈라 씨를 제거한다. 숟가락으로 과육을 살살 긁어내 그릇
에 담고 크림 상태로 으깬다.

아보카도는 영양가가 많고 열량이 높아 준비된 이유식이 없을 경우 과일 퓌레랑 같이 먹
이면 좋단다. 으깬 아보카도는 상하기 쉬우니, 아기에게 먹이기 직전에 만들어 먹이렴.

파파야 퓌레와 아보카도

재료 골드파파야 $\frac{1}{4}$개, 아보카도 $\frac{1}{4}$개

● 골드파파야는 깨끗이 씻어 반으로 갈라 씨를 제거하고 껍질을 벗겨 잘게 썬다. 믹서에
  썰어놓은 파파야를 넣고 곱게 갈아 퓌레를 만든다.
● 아보카도는 과육을 살살 긁어내 오목한 그릇에 담아 크림 상태로 으깬다.
● 골드파파야 퓌레 1$\frac{1}{2}$큰술과 아보카도 1큰술을 담아, 먹일 때 섞어서 먹인다.

망고 퓌레와 요구르트

재료   골드망고 $\frac{1}{3}$개, 플레인 요구르트 1큰술

● 골드망고는 껍질을 벗기고 씨를 제거한 뒤 잘게 썬다. 믹서에 썰어놓은 망고를 넣고
  곱게 갈아 퓌레를 만든다.
● 망고 퓌레 1$\frac{1}{2}$큰술과 플레인 요구르트 1큰술을 담아, 먹일 때 섞어서 먹인다.

아침 이유식으로 달걀노른자 미음을 먹일 때나 점심 혹은 저녁 이유식을 먹일 때 생과일
퓌레와 요구르트 1~1$\frac{1}{2}$큰술을 같이 먹이면 좋다는구나. 아보카도는 영양이 뛰어나니 요
구르트와 번갈아가며 자주 먹이도록 하렴.

자두 퓌레와 요구르트

재료 자두 1개(작은 것, 큰 것은 $\frac{2}{3}$개), 플레인 요구르트 1큰술

- 자두는 씻어 껍질을 벗기고 씨를 빼낸 뒤 잘게 썬다. 믹서에 썰어놓은 자두를 넣고 곱게 갈아 퓌레를 만든다.
- 자두 퓌레 $1\frac{1}{2}$큰술과 플레인 요구르트 1큰술을 담아, 먹일 때 섞어서 먹인다.

자두·바나나 퓌레와 요구르트

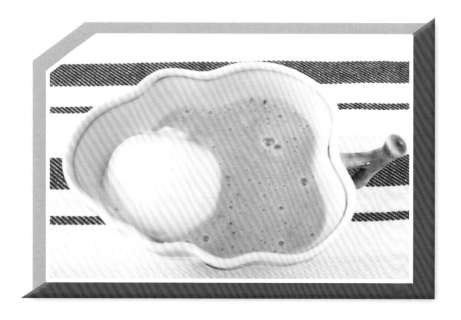

재료 자두(작은 것) 1개, 바나나 $\frac{1}{3}$개, 플레인 요구르트 1큰술

● 자두는 **깨끗이** 씻어 껍질을 벗기고 씨를 빼낸 뒤 잘게 썬다. 믹서에 썰어놓은 자두와
  바나나를 넣고 곱게 갈아 퓌레를 만든다.

● 자두 · 바나나 퓌레 $1\frac{1}{2}$큰술과 플레인 요구르트 1큰술을 담아, 먹일 때 섞어서 먹인다.

파파야 퓌레와 요구르트

재료 골드파파야 $\frac{1}{4}$개, 플레인 요구르트 1큰술

- 골드파파야는 깨끗이 씻어 반으로 갈라 씨를 빼낸 뒤 잘게 썬다. 믹서에 썰어놓은 파파야를 넣고 곱게 갈아 퓌레를 만든다.
- 골드파파야 퓌레 1$\frac{1}{2}$큰술과 플레인 요구르트 1큰술을 담아, 먹일 때 섞어서 먹인다.

키위·바나나 퓌레와 요구르트

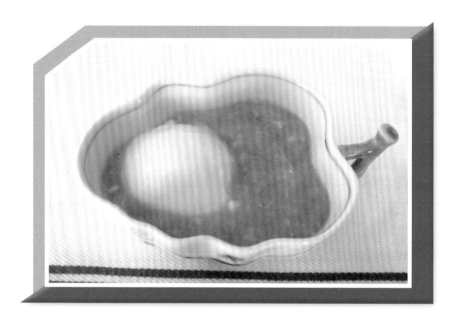

재료 키위 1개, 바나나 $\frac{1}{3}$개, 플레인 요구르트 1큰술

- 키위는 깨끗이 씻은 뒤 껍질을 벗겨 씨가 없는 쪽으로 잘게 썬다. 믹서에 키위와 바나나를 넣고 곱게 갈아 퓌레를 만든다.
- 키위 · 바나나 퓌레 1$\frac{1}{2}$큰술과 플레인 요구르트 1큰술을 담아, 먹일 때 섞어서 먹인다.

청포도·바나나 퓌레와 요구르트

재료　청포도 7알 , 바나나 $\frac{1}{3}$개, 플레인 요구르트 1큰술

- 껍질을 벗겨 씨를 뺀 청포도와 바나나를 믹서에 곱게 간다.
- 청포도 · 바나나 퓌레 $1\frac{1}{2}$ 큰술과 플레인 요구르트 1큰술을 담아, 먹일 때 섞어서 먹인다.

7개월이 되면 과일 주스를 아기에게 먹일 수 있단다. 그러나 갈거나 짠 과일에 끓여서 식힌 물을 2배 이상 섞어 먹이는 것이 좋다는구나. 처음에는 사과 주스, 배 주스, 청포도 주스 등으로 시작해보도록 하렴. 사과나 배는 주서기에 짜거나 강판에 갈아 면 보자기에 밭쳐 끓인 후, 식힌 물을 2배로 타서 만든단다. 청포도 주스는 청포도를 주서기에 짜거나 믹서에 갈아 면 보자기로 밭친 뒤 그 2배로 물을 섞으면 된단다. 그런데 상하기 쉬우니까 필요할 때 즉석에서 만들도록 하렴. 주스는 이빨이 상하기 쉬우니 보통 때는 물을 주고, 아기가 아플 때나 기분이 별로 좋지 않을 때 가끔 주는 것이 낫겠구나.

　　7개월이 지나면 아기가 집중력이 생기고 호기심도 많아진다고 하더구나. 그런데 호기심뿐 아니라 두려움도 생기는데, 특히 늘 같이 있던 엄마가 보이지 않으면 몹시 불안해한단다. 그러니 집 안에서 일을 할 때는 아기가 보이는 곳에서 이야기를 해주고, 아기가 잘 때도 이야기를 해주도록 하렴.

　　갓난아이 때부터 계속 얘기를 하다 보면 아기도 귀가 틔여 점점 간단한 말을 알아듣게 된단다. 아기가 이유식과 과일을 다 먹고 나면 끓여서 식힌 물을 먹이고, 작은 거즈나 손수건으로 이빨과 잇몸을 닦아주려무나.

　　지난번 나라가 집에 놀러 왔을 때 짝짜꿍을 시키니 곧잘 하더구나. 그때 함께 가르쳐준 쥠쥠이나 도리도리도 하면서 놀아주도록 하렴. 그리고 '까꿍' 하며 얼굴을 숨겼다가 내미는 놀이도 재미있어 한단다.

　　손으로 만지면 음악이 나오는 뮤직 박스 장난감과 헝겊으로 만든 아기 책을 몇 권 더 보낸다. 그리고 작은애 편에 새로 만든 이유식을 냉동해 아이스박스에 담아 보내니, 냉동고에 잘 보관했다가 하나씩 꺼내 중탕을 해서 먹이렴. 같이 보내는 유기농 곡식 가루도 냉동고에 보관했다가 필요할 때 꺼내 쓰려무나.

　　7개월부터는 트레이닝 컵을 이용해 아이가 혼자 잡고 마시는 훈련을 시작하는 게 좋다고 하니 이유식을 먹일 때 컵에 물을 조금 넣어 훈련시키는 것도 좋겠구나.

> 12개월이 지나지 않은 아기에게는 꿀, 콘시럽, 달걀흰자를 먹이면 안 된다고 하더구나. 기억해두렴.

9~11개월

새아가에게

어느새 가을이 되어 나뭇잎은 아름답게 물들고 대기는 맑고 푸르며, 맑은 햇살은 정복(淨福)과 같이 온누리를 비추고 있단다.

지난 주말에 너희 집에 놀러 가서 본 귀엽게 웃는 나라의 모습이 눈에 선하구나. 실험실 일이 바빠 앞으로 두어 달은 보기 어렵다고 하니, 후기 이유식을 연구해 세 달간의 이유식 레시피를 정리해 보낸다. 지난 주말 집에 들렀을 때 만들어 준 이유식과 새로운 이유식을 다 함께 정리해 만들었단다.

아기가 잇몸으로 짓이겨 먹을 수 있을 정도로 부드러운 밥, 고기, 해산물, 다양한 채소 건더기와, 진밥(5배 쌀죽)에 현미 가루나 보릿가루를 섞어 후기 이유식을 만들어보았다. 그리고 육수나 맛국물을 넣어 맛과 영양을 더 풍부하게 했단다. 11개월부터는 진밥을 무른 밥(4배 쌀죽)으로 바꿔 밥을 먹는 데 적응하도록 했단다.

주말에 편안한 마음으로 여러 가지 재료를 사다가 서너 가지 이유식을 만들어 보렴. 이제 7~8개월 때보다는 나라가 먹는 양도 많이 늘어나겠구나. 얼음 틀이 아닌 사진과 같이 큰 용기에 각각의 이유식을 얼려 이름과 날짜를 쓴 지퍼 팩에 넣어 냉동 보관해두었다가, 필요할 때마다 하나씩 꺼내 중탕하거나 찜통에 데워 사용하렴.

진밥(5배 쌀죽) 만드는 방법

재료

불린 쌀 1컵, 물 4컵

1 중간 크기의 냄비에 불린 쌀 1컵과 물 4컵을 넣고 센 불에 올린다.

2 끓기 시작하면 뚜껑을 열고 중간 불에 10~15분간 끓인다.

3 진밥이 되어가면 뚜껑을 닫고 약한 불에서 2~3분간 뜸을 들인다.

무른 밥(4배 쌀죽) 만드는 방법

재료

밥 $\frac{3}{4}$ 컵, 물 $\frac{1}{3}$ 컵

1 작은 냄비에 밥 $\frac{3}{4}$ 컵과 물 $\frac{1}{3}$ 컵을 넣고 센 불에 올려 끓인다.

2 끓으면 뚜껑을 닫고 약한 불에서 8~10분간 뜸을 들인다.

굴·채소 진밥

재료

진밥(5배 쌀죽, 89쪽 참고) $1\frac{1}{4}$ 컵
맛국물(55쪽 참고) 2컵
생굴 8~10개(작은 것은 10개, 큰 것은 8개)
무(썰어서) 1컵

애호박(썰어서) $\frac{1}{2}$ 컵
양파(썰어서) $\frac{1}{3}$ 컵
순두부(원통형) $\frac{1}{2}$ 개(150g)
현미 가루(또는 불린 현미) 2큰술

1 진밥과 맛국물을 미리 준비한다.

2 찬물에 씻은 굴은 체에 밭쳐 물기를 뺀다.
무, 양파, 애호박은 5mm 크기로 썬다.
순두부도 1cm 크기로 깍둑썰기 한다.

3 중간 크기의 냄비에 굴과 맛국물 1$\frac{3}{4}$컵을 넣는다. 냄비 뚜껑을 닫고 중간 불에 굴이 익도록 8~10분간 끓인다. 굴이 익으면 체로 건져 절구에 넣고 으깬다.

4 맛국물 $\frac{1}{4}$컵에 현미 가루 2큰술을 풀어놓는다(불린 현미를 쓸 경우에는 맛국물 $\frac{1}{4}$컵을 함께 넣고 믹서에 간다).

5 굴 육수에 준비한 채소를 모두 넣는다. 냄비 뚜껑을 닫고 중간 불에 채소가 무르게 익도록 10~15분 정도 끓인다.

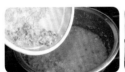  

6 아기가 잇몸으로 먹을 수 있을 만큼 채소가 무르게 익으면 굴, 진밥, 순두부, 현미 가루 풀어놓은 것을 넣고 센 불에 주걱으로 저어가며 끓인다. 한소끔 끓으면 불을 끈다.

흰 살 생선·채소 진밥

재료

진밥(5배 쌀죽, 89쪽 참고) $1\frac{1}{4}$ 컵
맛국물(55쪽 참고) 2컵
가자미(살 부분만) 120g
브로콜리(송이 부분만 썰어서) 1컵
콜리플라워(송이 부분만 썰어서) $\frac{1}{3}$ 컵

애호박(썰어서) $\frac{1}{4}$ 컵
무(썰어서) $\frac{1}{5}$ 컵
양파(썰어서) $\frac{1}{2}$ 컵
현미 가루(또는 불린 현미) 2큰술

1 진밥과 맛국물을 미리 준비한다.

2 가자미는 물에 씻어 키친타월로 물기를 제거한다.
송이 부분만 손질한 브로콜리, 콜리플라워를 1cm 크기로 썬다.
무, 양파, 애호박도 5mm 크기로 썬다.

3 가자미는 내열강화유리그릇에 담아 찜통에 넣는다. 젓가락
등으로 익었는지 확인하며 쪄낸다.
다 익으면 다른 그릇에 옮겨 식힌 후, 손으로 조심스럽게 잔
가시를 발라내고 살을 살살 풀어놓는다.

4 맛국물 $\frac{1}{4}$ 컵에 현미 가루 2큰술을 풀어놓는다(불린 현미를 쓸 경우에는 맛국물 $\frac{1}{4}$ 컵을
함께 넣고 믹서에 간다).

5 중간 크기의 냄비에 준비한 채소와 맛국물 1$\frac{3}{4}$ 컵을 넣고 뚜
껑을 닫아 중간 불에 채소가 무르게 익도록 15~18분 정도
끓인다.

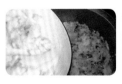 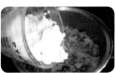 

6 채소가 무르게 익으면 가자미, 진밥, 현미 가루 풀어놓은 것을 넣고 센 불에 주걱으로 저어
가며 끓인다. 한소끔 끓으면 불을 끈다.

돼지고기·채소 진밥

재료

진밥(5배 쌀죽, 89쪽 참고) 1 $\frac{1}{4}$ 컵

맛국물(55쪽 참고) 2컵

돼지고기(등심) 120g

배추(썰어서) $\frac{1}{2}$ 컵

브로콜리(송이 부분만 썰어서) $\frac{1}{2}$ 컵

콜리플라워(송이 부분만 썰어서) $\frac{1}{3}$ 컵

애호박(썰어서) $\frac{1}{3}$ 컵

양파(썰어서) $\frac{1}{2}$ 컵

현미 가루(또는 불린 현미) 2큰술

1 진밥과 맛국물을 미리 준비한다.

2 돼지고기 120g은 지방을 떼어내고 살짝 씻어 키친타월로 물
기를 제거한 뒤 다지거나, 작은 덩어리로 썰어 믹서에 간다.
송이 부분만 손질한 브로콜리, 콜리플라워를 1cm 크기로 썬다.
배추, 애호박, 양파도 5mm 크기로 썬다.

3 중간 크기의 냄비에 갈거나 다진 돼지고기와 맛국물 $1\frac{3}{4}$컵을 넣고 뚜껑을 닫아 중간 불에
10분 정도 끓인다. 고기는 체로 건져 절구에 으깬다.

4 맛국물 $\frac{1}{4}$컵에 현미 가루 2큰술을 풀어놓는다(불린 현미를 쓸 경우에는 맛국물 $\frac{1}{4}$컵을 넣
고 믹서에 곱게 간다).

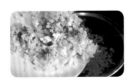

5 ③의 육수에 준비한 채소를 모두 넣고 뚜껑을 닫아 중간 불에
채소가 아주 무르게 익도록 15분 정도 끓인다.

 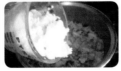 

6 채소가 무르게 익으면 돼지고기, 진밥, 현미 가루 풀어놓은 것을 넣고 센 불에 주걱으로 저
어가며 끓인다. 한소끔 끓으면 불을 끈다.

연어·채소 진밥

재료

진밥(5배 쌀죽, 89쪽 참고) $1\frac{1}{4}$ 컵

맛국물(55쪽 참고) 1컵

물 1컵

연어 120g

브로콜리(송이 부분만 썰어서) $1\frac{1}{4}$ 컵

콜리플라워(송이 부분만 썰어서) $\frac{1}{3}$ 컵

양파(썰어서) $\frac{1}{2}$ 컵

현미 가루(또는 불린 현미) 2큰술

된장 $\frac{1}{2}$ 작은술

레몬 조금

1 진밥과 맛국물을 미리 준비한다.

2 깨끗이 씻은 연어 120g을 키친타월로 물기를 제거한 뒤 레몬 즙을 한두 방울 발라놓는다.
송이 부분만 손질한 브로콜리, 콜리플라워를 1cm 크기로 썬다. 양파는 5mm 크기로 썬다.

3 연어는 내열강화유리그릇에 담아 찜통에 넣는다. 젓가락 등으로 익었는지 확인하며 쪄낸다.
다 익으면 다른 그릇에 옮겨 식힌 후 조심스럽게 잔가시를 발라내고 살을 살살 풀어놓는다.

4 물 $\frac{1}{4}$컵에 된장 $\frac{1}{2}$작은술을 넣고 현미 가루 2큰술을 풀어놓는다(불린 현미를 쓸 경우에는 물 $\frac{1}{4}$컵과 된장 $\frac{1}{2}$작은술을 함께 넣고 믹서에 간다).

5 중간 크기의 냄비에 맛국물 1컵과 물 $\frac{3}{4}$컵을 붓고, 준비해놓은 채소를 모두 넣는다. 중간 불에 채소가 무르게 익도록 15~20분간 끓인다.

 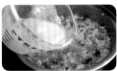

6 ⑤에 연어, 진밥, 현미 가루 풀어놓은 것을 넣고 센 불에 주걱으로 저어가며 끓인다. 한소끔 끓으면 불을 끈다.

연어에 든 오메가3는 오래 가열하면 변질된다고 하니 주의하렴.

닭고기·채소 진밥

재료

진밥(5배 쌀죽, 89쪽 참고) $1\frac{1}{4}$ 컵

닭고기 육수(53쪽 참고) 2컵

닭 가슴살 120g

브로콜리(송이 부분만 썰어서) $\frac{3}{4}$ 컵

콜리플라워(송이 부분만 썰어서) $\frac{1}{2}$ 컵

양파(썰어서) $\frac{1}{2}$ 컵

당근(썰어서) 3큰술

피망(썰어서) 2큰술

빨간 파프리카(썰어서) 2큰술

통보릿가루(또는 현미 가루) 2큰술

1 진밥과 닭고기 육수를 미리 준비한다.

2 닭 가슴살 120g을 지방과 힘줄을 떼어내고 찬물에 살짝 씻어 키친타월로 물기를 제거한 뒤 잘게 썬다.
송이 부분만 손질한 브로콜리, 콜리플라워를 1cm 크기로 썬다.
당근, 양파, 피망, 빨간 파프리카도 5mm 크기로 썬다.

3 중간 크기의 냄비에 닭고기 육수 1$\frac{3}{4}$컵과 다진 닭고기를 넣고 중간 불에 10분 정도 끓인다. 닭고기가 익으면 체로 건져 절구에 넣고 으깬다.

4 맛국물 $\frac{1}{4}$컵에 통보릿가루(또는 현미 가루) 2큰술을 풀어놓는다.

5 ③에 준비해둔 채소를 모두 넣고 뚜껑을 닫아 중간 불에 10분 정도 끓인다.

6 채소가 무르게 익으면 으깬 닭 가슴살, 진밥, 통보릿가루 푼 것을 넣고 센 불에 주걱으로 저어가며 끓인다. 한소끔 끓으면 불을 끈다.

쇠고기·채소 진밥

재료

진밥(5배 쌀죽, 89쪽 참고) $1\frac{1}{4}$ 컵
맛국물(55쪽 참고) 2컵
쇠고기(홍두깨살) 120g
브로콜리(송이 부분만 썰어서) 1컵
콜리플라워(송이 부분 썰어서) $\frac{1}{4}$ 컵

애호박(썰어서) $\frac{1}{4}$ 컵
양파(썰어서) $\frac{1}{2}$ 컵
당근(썰어서) 3큰술
현미 가루(또는 불린 현미) 2큰술

1 진밥과 맛국물을 미리 준비한다.

2 쇠고기 120g을 찬물에 살짝 씻어 키친타월로 물기를 제거한
뒤 다지거나, 작은 덩어리로 썰어 믹서에 간다.
송이 부분만 손질한 브로콜리, 콜리플라워를 1cm 크기로 썬다.
애호박, 양파, 당근도 5mm 크기로 썬다.

  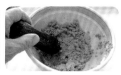

3 중간 크기의 냄비에 맛국물 1⅓컵을 붓고 갈거나 다진 쇠고기를 넣는다. 센 불에 뚜껑을
덮고 끓이다가 한소끔 끓으면 불순물을 걷어내고 중간 불에 10~15분간 끓인다. 쇠고기가
익으면 체로 건져 절구에 으깬다.

4 맛국물 ¼컵에 현미 가루 2큰술을 풀어놓는다(불린 현미를 쓸 경우에는 맛국물 ¼컵을
함께 넣고 믹서에 곱게 간다).

5 ③의 육수에 준비해놓은 채소를 모두 넣는다. 냄비 뚜껑을 닫
고 채소가 무르게 익도록 15분 정도 끓인다.

6 채소가 무르게 익으면 으깬 쇠고기, 진밥, 현미 가루 풀어놓은 것을 넣고 센 불에 주걱으로
저어가며 끓인다. 한소끔 끓으면 불을 끈다.

새우·채소 진밥

재료

진밥(5배 쌀죽, 89쪽 참고) 1컵
맛국물(55쪽 참고) 1$\frac{3}{4}$ 컵
새우(중간 크기) 7개
무(썰어서) 1컵

애호박(썰어서) $\frac{1}{2}$ 컵
양파(썰어서) $\frac{1}{2}$ 컵
현미 가루(또는 불린 현미) 2큰술

1 진밥과 맛국물을 미리 준비한다.

2 새우는 이쑤시개 등으로 내장을 제거한 뒤 깨끗이 씻어 잘게 다진다.
무, 양파, 애호박도 5mm 크기로 썬다.

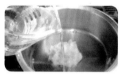  

3 중간 크기의 냄비에 맛국물 1½컵과 새우를 넣는다. 냄비 뚜껑을 닫고 중간 불에 새우가 익도록 8~10분간 끓인다. 새우를 건져내어 절구에 넣고 으깬다.

4 맛국물 ¼컵에 현미 가루 2큰술을 풀어놓는다(불린 현미를 쓸 경우에는 믹서에 맛국물 ¼컵을 함께 넣고 간다).

 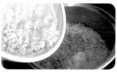

5 육수에 새우와 준비해놓은 채소를 모두 넣고 채소가 무르게 익도록 중간 불에 10~15분 정도 끓인다.

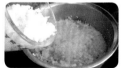 

6 채소가 무르게 익으면 으깨어놓은 새우 진밥, 현미 가루 풀어놓은 것을 넣고 센 불에 주걱으로 저어가며 끓인다. 한소끔 끓으면 불을 끈다.

광어·미역 진밥

재료

진밥(5배 쌀죽, 89쪽 참고) 1컵
 (또는 밥 $\frac{2}{3}$ 컵)
맛국물(55쪽 참고) 1$\frac{1}{4}$ 컵

광어(살 부분만) 80g
불린 미역 40g
현미 가루(또는 불린 현미) 2큰술

만드는방법

1 진밥과 맛국물을 미리 준비한다.

2 미역은 물에 5분간 불려 깨끗이 씻는다.
광어 80g을 깨끗이 씻어 키친타월로 물기를 제거한다.

 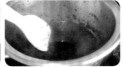

3 불린 미역과 맛국물 1컵을 넣고 믹서에 간다. 중간 크기의 냄비에 갈아놓은 재료를 넣고 중간 불에 8~10분 정도 끓인다.

4 넓적한 내열강화유리그릇에 광어를 담아 찜통에 넣는다. 젓가락 등으로 익었는지 확인하며 쪄낸다.

5 식힌 광어는 손으로 잔가시를 조심스럽게 발라내고, 살을 살살 풀어놓는다.

6 맛국물 $\frac{1}{4}$컵에 현미 가루 2큰술을 풀어놓는다(불린 현미를 쓸 경우에는 맛국물 $\frac{1}{4}$컵을 함께 넣고 믹서에 간다).

7 ③에 진밥(또는 밥), 광어, 현미 가루 풀어놓은 것을 넣고 센 불에 주걱으로 저어가며 끓인다. 한소끔 끓으면 불을 끈다.

가리비·채소 진밥

재료

진밥(5배 쌀죽, 89쪽 참고) 1컵
맛국물(55쪽 참고) $1\frac{1}{4}$ 컵
가리비 80g
브로콜리(송이 부분만 썰어서) 1컵

무(썰어서) $\frac{1}{3}$ 컵
양파(썰어서) $\frac{1}{2}$ 컵
현미 가루(또는 불린 현미) 2큰술

1 진밥과 맛국물을 미리 준비한다.

 2 가리비는 살짝 씻어 키친타월로 물기를 제거한 뒤 잘게 썬다.
송이 부분만 손질한 브로콜리는 1cm 크기로 썬다.
무와 양파는 5mm 크기로 썬다.

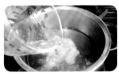  

3 중간 크기의 냄비에 가리비와 맛국물 1컵을 넣는다. 중간 불에 뚜껑을 닫고 7~8분간 끓인
다. 가리비가 익으면 체로 건져 절구에 넣고 으깬다.

4 맛국물 $\frac{1}{4}$컵에 현미 가루 2큰술을 풀어놓는다(불린 현미를 쓸 경우에는 맛국물 $\frac{1}{4}$컵을 함
께 넣고 믹서에 간다).

 5 ③의 육수에 준비해둔 채소를 넣는다. 중간 불에 뚜껑을 닫
고 채소가 무르게 익도록 10~15분간 끓인다.

 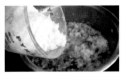 

6 채소가 무르게 익으면 으깬 가리비, 진밥, 현미 가루 풀어놓은 것을 넣고 센 불에 주걱으로
저어가며 끓인다. 한소끔 끓으면 불을 끈다.

알갱이가 있는 완두콩 수프

재료

닭고기 육수(53쪽 참고) 2컵
생완두콩 1$\frac{1}{4}$ 컵

양파(썰어서) $\frac{1}{2}$ 컵
현미 가루(또는 불린 현미) 2큰술

1 닭고기 육수를 미리 준비한다.

2 양파는 5mm 크기로 썬다.
완두콩은 깨끗이 씻는다.

3 중간 크기의 냄비에 양파, 완두콩, 닭고기 육수 1$\frac{3}{4}$컵을 넣고
센 불에 완두콩이 무르게 익도록 10분 정도 끓인다.

4 완두콩 2큰술을 따로 덜어내어 껍질을 제거한다.

5 ③을 내열강화유리그릇에 옮겨 식힌다.

6 ⑤를 믹서에 곱게 간다.

7 닭고기 육수 $\frac{1}{4}$컵에 현미 가루 2큰술을 풀어놓는다(불린 현미를 쓸 경우에는 믹서에 닭고
기 육수 $\frac{1}{4}$컵을 함께 넣고 간다).

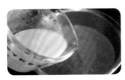

8 중간 크기의 냄비에 ⑥과 현미 가루 풀어놓은 것을 넣고 센
불에 주걱으로 저어가며 끓인다. 한소끔 끓으면 불을 끈다.

9 끓여놓은 수프에 껍질을 벗긴 완두콩을 섞는다.

치킨·누들 수프

재료

스파게티 면(삶아서) $\frac{3}{4}$ 컵
닭고기 육수(53쪽 참고) $2\frac{1}{2}$ 컵
닭 가슴살 120g
양배추(썰어서) $\frac{3}{4}$ 컵
양파(썰어서) $\frac{1}{3}$ 컵

당근(썰어서) 3큰술
빨간 파프리카(썰어서) 2큰술
피망(썰어서) 2큰술
현미 가루(또는 불린 현미) 2큰술

※ 스파게티 면 삶기

스파게티 면(제일 가는 면) 30g +물 2컵(2회 분량)

1 닭고기 육수를 미리 준비해놓는다.

2 닭 가슴살 120g은 지방과 힘줄을 떼어내고 찬물에 살짝 씻어 키친타월로 물기를 제거한 뒤 잘게 썬다.
양배추, 양파, 당근, 피망, 빨간 파프리카도 5mm 크기로 썬다.

3 중간 크기의 냄비에 닭 가슴살과 육수 2½컵을 넣는다. 중간 불에 뚜껑을 닫고 12~15분 정도 끓인다. 닭고기가 다 익으면 체로 건져 절구에 넣고 으깬다.

4 중간 크기의 냄비에 물 2컵을 넣고 뚜껑을 닫아 조금 센 불에 올린다. 물이 끓기 시작하면 스파게티 면 30g을 넣고 중간 불에서 뚜껑을 연 채로 면이 아주 무를 때까지 10~15분간 끓인다. 삶은 스파게티 면을 3~4cm 길이로 잘라놓는다.

5 ③의 육수에 썰어놓은 채소를 넣고 뚜껑을 닫아 중간 불에 12~15분간 끓인다. 채소가 무르게 익으면 으깬 닭고기와 삶아놓은 스파게티 면 ¾컵을 넣고 센 불에 살짝 끓인다. 불을 끄고 내열강화유리그릇에 부어 식힌다.

스파게티 면은 한꺼번에 많은 양을 삶아 1회 분량만큼 나누어 냉동 보관해도 된다는구나. 필요할 때 꺼내 소스랑 함께 중탕하거나 찜통에 쪄서 먹이면 된단다.

옥수수 수프

재료

생옥수수 알 $1\frac{1}{2}$ 컵

양파(썰어서) $\frac{1}{4}$ 컵

물 $\frac{1}{2}$ 컵

두유 1컵

1 생옥수수는 알을 떼어낸다.
양파는 7mm 크기로 썬다.

2 중간 크기의 냄비에 옥수수, 양
파, 물 $\frac{1}{2}$컵을 넣는다. 냄비 뚜
껑을 닫고 중간 불에 8~10분 정
도 끓인다. 다 익으면 내열강화
유리그릇에 부어 식힌다.

3 식힌 옥수수와 양파를 믹서에 넣고 두유 1컵을 부어 곱게
간다.

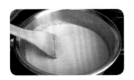

4 중간 크기의 냄비에 ③을 넣고 센 불에 주걱으로 저어가며
끓인다. 한소끔 끓으면 불을 끈다.

아기는 8 ~10개월 사이에 엄지를 제외한 네 손가락과 엄지손가락 아래 근육이 손바닥으로 물건을 잡을 수 있게 발달해, 작은 조각의 음식을 잡고 먹을 수 있게 된단다. 그래서 핑거 푸드라고 하여 손으로 집어 먹을 수 있는 여러 가지 음식을 만들어 먹이는 것도 발육에 도움이 되며, 혼자 먹을 수 있도록 함으로써 자립심을 키운다고 하여 몇 가지 레시피를 적어보았단다. 그런데 핑거 푸드는 목이 마르기 쉬우니 꼭 수프랑 같이 먹이도록 하렴.

또한 9~11개월이면 이가 몇 개씩 나 있거나, 나오기 시작하는 때라 잇몸이 많이 간지럽다는구나. 잇몸을 자극해 시원함을 느낄 수 있도록 잡곡 빵을 토스트기에 바삭하게 구워 4조각 정도로 잘라 1조각씩 손에 쥐어줘 보려무나.

아기가 잡고 빨아도 쉽게 부서지지 않고, 아기에게 고소한 맛을 느낄 수 있게 해준단다.

토스트기에 구운 잡곡 빵

재료

잡곡 빵 1조각

토스트기는 집마다 성능이 달라 굽는 정도가 다르니, 적당한 온도를 찾아 타지 않게 굽도록 하려무나.

연근 떡

재료

연근(갈아서) 1컵

현미 가루(또는 통밀 가루나 감자 가루) $1\frac{1}{2}$ 큰술

완두콩 2작은술

1 연근, 완두콩, 현미 가루를 준비한다.

2 생완두콩이면 삶고, 냉동 완두콩이면 찜통에 찐다.
익힌 완두콩은 껍질을 벗겨놓는다.

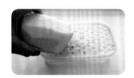
3 연근은 강판에 곱게 간다.

4 갈아놓은 연근에 현미 가루(또는 통밀 가루나 감자 가루) 1 $\frac{1}{2}$ 큰술과 완두콩을 넣고 잘 섞
은 뒤 지름 3cm 크기로 동그랗게 빚는다.

5 만들어놓은 떡을 내열강화유리
그릇에 가지런히 담아 찜통에 쪄
낸다.

면 보자기에 찌기도 하는데 용기에 담아 쪄야 모양이 흐트러지지 않는단다.

애호박·가리비 전

재료

가리비 50g
애호박(썰어서) 1컵
달걀노른자 1개

현미 가루(또는 통밀 가루) $2\frac{1}{2}$ 큰술
포도씨유 조금

1 가리비는 찬물에 살짝 씻어 체에 밭쳐 물기를 뺀다.
애호박은 5mm 크기로 썬다.
달걀노른자도 준비한다.

 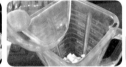 

2 믹서에 애호박 1컵과 달걀노른자를 넣고 곱게 간다.

3 ②에 가리비를 넣고 다시 곱게 간다.

4 ③을 오목한 그릇에 옮겨 담고, 현미 가루 2$\frac{1}{2}$ 큰술을 넣어
고루 섞는다.

5 중간 불에 프라이팬이 달궈지면 포도씨유를 두르고 반죽을
한 숟가락씩 떠서 둥글게 부쳐낸다.

남은 애호박·가리비 전은 지퍼 팩에 가지런히 넣어 냉동 보관했다가 필요할 때 사용하렴.

크로켓

크로켓(croquette)은 서양 요리의 하나로, 쪄서 으깬 감자와 고기를 섞어 둥글게 모양을 낸 뒤 빵가루를 묻혀 기름에 튀겨 만든다. 여기서는 튀기는 대신 구워서 만든다.

재료

쇠고기(홍두깨살) 40g

감자 1개(80g)

고구마 1개(70g)

양파(썰어서) $\frac{1}{2}$ 컵

버터 $\frac{1}{2}$ 큰술

식빵 2조각

달걀노른자 2개

물 3~4큰술

포도씨유 조금

1 쇠고기 40g을 물에 살짝 씻어 키친타월로 물기를 제거한 뒤 다지거나, 작은 덩어리로 썰어 믹서에 간다.
양파는 5mm 크기로 썬다.
감자와 고구마는 1cm 두께로 둥글게 썬다.

2 감자와 고구마를 찜통에 가지런히 놓고 아주 무르게 쪄낸다.

3 작은 냄비에 버터 $\frac{1}{2}$ 큰술을 넣고 쇠고기와 양파를 중간 불에 볶다가 물 3~4큰술을 넣고 약한 불에 6~7분 정도 은근히 익힌다.

4 쪄낸 감자와 고구마, 볶아놓은 쇠고기와 양파를 오목한 그릇에 넣고 매셔로 으깨가며 고루 섞는다.

5 섞어놓은 재료를 지름 2cm, 길이 4~5cm 크기로 빚는다.
달걀물을 적신 뒤 빵가루를 고루 입힌다.

6 오븐 쟁반에 포도씨유를 조금 바르고 크로켓을 가지런히 놓는다.
230℃의 오븐에서 빵가루가 노르스름하게 익도록 10~15분간 굽는다.

빵가루는 식빵 2조각을 믹서에 곱게 갈아 만들면 된단다. 냉동된 식빵을 사용하면 더 고운 빵가루가 된단다.

찐 채소 핑거 푸드

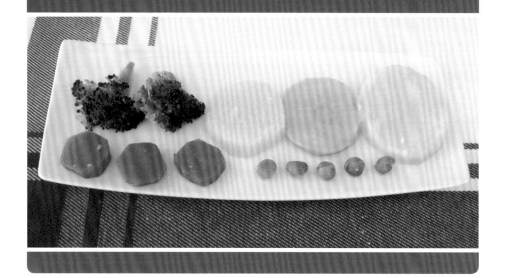

재료

고구마 적당량, 감자 적당량, 마 적당량, 당근 적당량, 브로콜리 $\frac{1}{4}$ 송이, 완두콩 1큰술

만드는 방법

1 고구마, 감자, 마, 당근은 7mm 두께로 둥글게 썬다.

   송이 부분만 손질해둔 브로콜리는 2cm 크기로 썬다.

   완두콩은 깨끗이 씻는다.

2 찜통에 면 보자기를 깔고, 썰어놓은 채소와 완두콩을 고르게 펴서 아기가 먹기 좋게 무르
   게 쪄낸다.

   익힌 완두콩은 껍질을 벗기고 다른 채소와 함께 접시에 담아낸다.

대구·노른자 구이와 찐 채소

재료

대구(살 부분만) 30g, 달걀노른자 1개, 완두콩 8개, 마 적당량(또는 감자나 고구마), 브로콜리
(송이 부분만) 적당량, 당근(가는 부분) 적당량, 포도씨유 조금

만드는 방법

1. 가시를 발라낸 대구 30g을 1cm 크기로 네모나게 썬다.
   마는 7mm 두께로 둥글게 썬다. 크기에 따라 반으로 나눠도 된다.
   당근은 가는 부분만 7mm 두께로 둥글게 썰고, 브로콜리는 송이 부분만 1cm 크기로 썬다.
   완두콩과 마, 당근, 브로콜리를 찜통에 담아 아기가 먹기 좋게 아주 무르게 쪄낸다.

2. 오븐 전용 쟁반에 포도씨유를 조금 바르고, 달걀물을 바른 대구를 가지런히 놓는다.
   230℃의 오븐에서 익었는지 확인하며 5분간 굽는다.

3. 구운 대구와 찐 채소를 그릇에 보기좋게 담는다.

단호박·고구마·사과 샐러드

재료

단호박(썰어서) 1큰술, 고구마(썰어서) 1큰술, 사과(썰어서) 1큰술, 플레인 요쿠르트 1큰술

만드는 방법

1 단호박, 고구마, 사과는 7mm 크기로 깍둑썰기 해 내열강화유리그릇에 가지런히 담아 무르게 익었는지 확인하며 쪄낸다.

2 식힌 단호박, 고구마, 사과에 플레인 요구르트 1큰술을 넣고 살살 섞어 그릇에 담는다.

단호박·브로콜리·치즈

재료

단호박(썰어서) 1큰술, 브로콜리(송이 부분만 썰어서) 적당량, 모차렐라 치즈 1큰술

만드는 방법

1 단호박은 7mm 크기로 깍둑썰기 한다. 브로콜리는 송이 부분만 조금 떼어낸다.

2 단호박과 브로콜리를 내열강화유리그릇에 담아 무르게 익었는지 확인하며 쪄낸다.

3 채소가 무르게 익으면 모차렐라 치즈 1큰술을 뿌리고 치즈가 녹을 때까지 다시 찐다.

으깬 단호박과 브로콜리

재료 찐 단호박 1 큰술, 브로콜리(송이 부분만) 적당량

● 단호박 한 토막을 7mm로 깍둑썰기 하고, 브로콜리는 송이 부분을 조금만 떼어낸다.
  단호박과 브로콜리를 찜통에 넣고 익었는지 확인하며 무르게 쪄낸다.
● 찐 단호박과 브로콜리를 매셔로 으깨어 고루 섞는다.

자두와 아보카도

재료 자두(작은 크기) 1개, 아보카도 $\frac{1}{2}$개

● 잘 익은 자두는 껍질을 벗겨 씨를 제거하고, 7mm 크기로 깍둑썰기 한다.

● 잘 익은 아보카도는 과육을 살살 긁어낸 뒤 숟가락으로 잘 으깨어 크림 상태로 만든다.

● 그릇에 자두 2큰술과 아보카도 1큰술을 담고, 먹일 때 섞어서 먹인다.

복숭아와 요구르트

재료 복숭아(황도, 썰어서) 2큰술, 플레인 요구르트 1큰술

● 잘 익은 복숭아는 껍질을 벗겨 씨를 제거하고, 7mm로 깍둑썰기 한다.
● 그릇에 복숭아 2큰술과 플레인 요구르트 1큰술을 담고, 먹일 때 섞어서 먹인다.

허니듀 멜론과 요구르트

재료 허니듀 멜론(썰어서) 2큰술, 플레인 요구르트 1큰술

● 잘 익은 허니듀 멜론은 껍질을 벗겨 씨를 제거하고, 7mm로 깍둑썰기 한다.
● 그릇에 허니듀 멜론 2큰술과 플레인 요구르트 1큰술을 담고, 먹일 때 섞어서 먹인다.

캔털루프와 요구르트

재료 캔털루프(과육이 오렌지색인 멜론, 썰어서) 2큰술, 플레인 요구르트 1큰술

● 잘 익은 캔털루프는 껍질을 벗겨 씨를 제거하고, 7mm로 깍둑썰기 한다.
● 캔털루프 2큰술과 플레인 요구르트 1큰술을 담고, 먹일 때 섞어서 먹인다.

키위와 요구르트

재료 키위(썰어서) 2큰술, 플레인 요구르트 1큰술

● 잘 익은 키위는 껍질을 벗겨 씨가 없는 부분을 7mm로 깍둑썰기 한다.
● 그릇에 키위 2큰술과 플레인 요구르트 1큰술을 담고, 먹일 때 섞어서 먹인다.

파파야와 요구르트

재료 파파야(썰어서) 2큰술, 플레인 요구르트 1큰술

- 잘 익은 파파야는 껍질을 벗겨 씨를 제거하고, 7mm로 깍둑썰기 한다.
- 파파야 2큰술과 플레인 요구르트 1큰술을 담고, 먹일 때 섞어서 먹인다.

파파야는 어른 주먹만 한, 속살이 노란 황금파파야와 그보다 2~3배 크고 속살이 진홍색인 레드 파파야 등이 있는데, 파파야에는 비타민 A와 C가 풍부하게 들어 있어 미국과 유럽에서는 바나나, 아보카도와 함께 빼놓을 수 없는 이유식 재료로 여긴다고 하니 이 세 가지를 고루 먹이도록 하렴. 사진 속 레드 파파야보다는 황금파파야가 영양이 더 많다는구나.

바나나와 요구르트

재료 바나나(썰어서) 2큰술, 플레인 요구르트 1큰술

- 잘 익은 바나나는 껍질을 벗겨 7mm로 깍둑썰기 한다.
- 바나나 2큰술과 플레인 요구르트 1큰술을 담고, 먹일 때 섞어서 먹인다.

청포도와 요구르트

재료 청포도 7알, 플레인 요구르트 1큰술

- 청포도는 깨끗이 씻어 껍질을 벗긴 후 씨를 빼고 4등분한다.
- 플레인 요구르트 1큰술과 청포도를 담고, 먹일 때 섞어서 먹인다.

새아가에게

트레이닝 컵은 9개월까지만 사용하게 하고, 10개월부터는 보통 플라스틱 컵으로 바꿔 아기가 잡고 마시도록 해보렴. 그리고 아기에게 아기용 숟가락도 쥐어 주어 조금이라도 퍼 먹을 수 있게 해보렴.

조그마한 플라스틱 그릇에 이유식을 담아 숟가락으로 먹을 수 있게 하고, 음식을 흘리더라도 개의치 말고 꾸준히 연습시키면 15개월 무렵에는 혼자서 숟가락질을 할 수 있게 된다는구나. 물론 아기가 제대로 못 먹을 테니 곁에서 이유식을 들고 중간중간 먹여주렴.

나라의 이가 네 개나 나왔다니, 이제부터는 아기 칫솔을 사용해 이를 닦아주려무나.

이 시기의 아기는 직접 손을 대어 소리나는 것을 좋아한다는구나. 그러니 자그마한 냄비 뚜껑을 작은 절굿공이로 두드리며 놀게 하거나 손으로 누르면 음악이 나오는 뮤직 박스가 장난감으로 좋다는구나. 다음 주말에 나라를 보러 가면 아기 피아노를 하나 사줄 계획이란다.

그리고 나라가 벌써 벽을 잡고 선다니 반가운 일이로구나. 아기가 기분이 좋을 때 소파를 잡고 걷게 연습을 시키고, 좀 익숙해지면 소파를 양쪽에 놓아 양손으로 잡고 걷는 연습을 시키도록 하렴. 또 큰 거울 앞에서 여러 가지 표정을 지으며 놀게 하려무나.

날이 쌀쌀하니 건강에 유의하고, 주말에 보자꾸나.

12~18개월

새아가에게

 이루 말할 수 없이 아름다운 1월 아침이다.

하늘은 투명하게 맑고, 나목들은 하늘을 우러러 겸허한 수도승같이 기도를 하며, 햇살은 대지 위를 맑게 비추고 있단다.

너희들과 함께 보낸 크리스마스와 나라의 돌잔치는 참으로 화기애애하고 즐거운 시간이었어서, 마치 꿈을 꾼 것 같구나.

집으로 돌아갈 때 아이스박스에 넣어준 이유식들과 새로운 핑거 푸드, 또 나라를 생각하면서 새로 개발한 이유식의 레시피를 써 보내니 주말에 한번 만들어 보려무나.

11개월부터는 어른이 먹는 것보다 조금 무른 밥(89쪽 참고)을 먹여야 한단다. 얼마전에 젖을 뗐다는 말을 듣고 영양적인 면을 더 고려해 만들어보았단다.

쇠고기·미역 밥

재료

밥 $\frac{2}{3}$ 컵

맛국물(55쪽 참고) $1\frac{1}{3}$ 컵

쇠고기(홍두깨살) 80g

불린 미역 50g

참기름 조금

1 맛국물과 밥을 미리 준비한다.

2 쇠고기 80g을 찬물에 살짝 씻어 키친타월로 물기를 제거한 뒤 다지거나, 작은 덩어리로 썰어 믹서에 간다.
미역은 5~6분간 불려 깨끗이 씻은 뒤 잘게 썬다.

3 작은 크기의 냄비에 참기름을 조금 두르고, 중간 불에 다진 쇠고기와 미역을 2~3분간 볶는다.

4 볶아놓은 재료에 맛국물 1$\frac{1}{3}$컵을 붓고 10분 정도 끓인다.

5 ④에 밥 $\frac{3}{5}$컵을 넣고 센 불에 3~4분 정도 끓이다가 약한 불에 2~3분 정도 뜸을 들인 후 불을 끈다.

새우·애호박 밥

재료

밥 $\frac{2}{3}$ 컵

맛국물(55쪽 참고) 1 $\frac{1}{3}$ 컵

새우(중간 크기) 7~8개(80g)

애호박(썰어서) 1 $\frac{1}{4}$ 컵

양파(썰어서) $\frac{1}{2}$ 컵

1 맛국물과 밥을 미리 준비한다.

2 새우는 껍데기를 벗기고 내장을 빼낸 뒤 깨끗이 씻는다.
애호박과 양파는 5mm 크기로 썬다.

3 작은 냄비에 맛국물 $1\frac{1}{3}$컵과 새우를 넣고 뚜껑을 닫아 중
간 불에 7~8분간 끓인다.

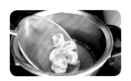

4 새우는 건져내어 잘게 다진다.

5 새우 삶은 국물에 채소를 넣고 냄비 뚜껑을 닫아 중간 불에
채소가 잘 무르게 익도록 8~9분 정도 끓인다.

6 ⑤에 다진 새우와 밥 $\frac{2}{3}$컵을 넣고 끓인다. 한소끔 끓으면 불을 줄이고 약한 불에 1~2분
간 뜸을 들인다.

가리비·브로콜리 밥

재료

밥 $\frac{2}{3}$ 컵

맛국물(55쪽 참고) $1\frac{1}{3}$ 컵

가리비 90g

브로콜리(송이 부분만 썰어서) 1컵

무(썰어서) $\frac{1}{4}$ 컵

양파(썰어서) $\frac{1}{2}$ 컵

참기름 조금

1 맛국물과 밥을 미리 준비한다.

2 씻은 가리비는 체에 밭쳐 물기를 빼고 잘게 다져놓는다.
송이 부분만 손질한 브로콜리는 1cm 크기로 썬다.
양파와 무는 5mm 크기로 썬다.

3 중간 크기의 냄비를 센 불에 올려 참기름을 두르고 가리비를 1~3분간 볶는다.

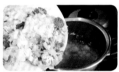

4 ③에 맛국물 1 ½컵과 준비한 채소를 모두 넣어 뚜껑을 닫아 중간 불에 채소가 무르게 익도
록 8~9분 정도 끓인다.

5 채소가 반쯤 익으면 밥을 넣고 끓이다가, 한소끔 끓으면 약
한 불에 1~2분간 뜸을 들인다.

대구·채소 밥

재료

밥 $\frac{2}{3}$ 컵

맛국물(55쪽 참고) $1\frac{1}{3}$ 컵

대구(살 부분만) 90g

브로콜리(송이 부분만 썰어서) $\frac{3}{4}$ 컵

애호박(썰어서) $\frac{1}{4}$ 컵

무(썰어서) $\frac{1}{4}$ 컵

양파(썰어서) $\frac{1}{2}$ 컵

1 맛국물과 밥을 미리 준비한다.

2 송이 부분만 손질한 브로콜리는 1cm 크기로 썬다.
애호박, 양파, 무는 5mm 크기로 썬다.

3 대구 90g을 내열강화유리그릇에 담아 찜통에 넣는다. 젓
가락 등으로 익었는지 확인하며 쪄낸다(너무 익히지 말고
적당히 익힌다).

4 식힌 대구는 손으로 조심스럽게 잔가시를 발라내고, 살을
살살 풀어놓는다.

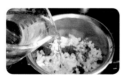

5 중간 크기의 냄비에 맛국물 1 $\frac{1}{3}$ 컵과 채소를 넣는다. 냄비 뚜껑을 닫고 중간 불에 채소가 무
르게 익도록 8~9분 정도 끓이다가, 밥 $\frac{2}{3}$ 컵을 넣고 2~3분 정도 더 끓인다.

6 ⑤에 대구를 넣고 약한 불에 1~2분간 뜸을 들인 후 불을
끈다.

해시라이스

해시라이스(hashed beef and rice)는 얇게 저민 쇠고기와 양파를 브라운 소스로 끓여
밥에 곁들이는 요리다. 우리나라에서는 하이라이스라고 부르기도 한다.

재료

무른 밥(4배 쌀죽, 89쪽 참고) 4큰술

맛국물(55쪽 참고) 1컵

쇠고기(홍두깨살) 60g

감자(썰어서) $\frac{1}{4}$ 컵

양파(썰어서) $\frac{1}{3}$ 컵

당근(썰어서) 3큰술

완두콩 1큰술

토마토 $\frac{1}{2}$ 개

현미 가루(또는 전분) 1큰술

버터 조금

1 맛국물과 무른 밥을 미리 준비한다.

2 쇠고기 60g을 찬물에 살짝 씻어 키친타월로 물기를 제거한
뒤 다지거나, 작은 덩어리로 썰어 믹서에 간다.
양파, 감자, 당근은 5mm 크기로 썬다.
완두콩은 삶거나 쪄서 껍질을 벗겨놓는다.
토마토는 끓는 물에 담가 껍질을 벗기고 씨를 제거한 뒤 믹
서에 갈아 퓌레를 만든다.

3 중간 크기의 냄비를 센 불에 올려 달궈지면 버터를 녹여 쇠
고기와 양파를 넣고 볶는다.

4 고기의 붉은빛이 가시면 맛국물 $\frac{3}{4}$컵과 감자, 당근, 토마토 퓌레를 넣고 냄비 뚜껑을 닫
아 중간 불에 10분 정도 끓인다.

5 맛국물 $\frac{1}{4}$컵에 현미 가루(또는 녹말) 1큰술을 풀어놓는다(불린 현미를 쓸 경우에는 맛국
물 $\frac{1}{4}$컵을 함께 믹서에 넣고 간다).

6 ④에 껍질을 벗긴 완두콩과 현미 가루 풀어놓은 것을 넣고 중간 불에 주걱으로 저어가며
끓인다. 한소끔 끓으면 불을 끈다.

마파두부

재료

무른 밥(4배 쌀죽, 89쪽 참고) 4큰술

맛국물(55쪽 참고) $1\frac{1}{3}$ 컵

돼지고기(등심) 40g

가지(썰어서) $\frac{1}{4}$ 컵

양파(썰어서) $\frac{1}{3}$ 컵

토마토(썰어서) $\frac{1}{3}$ 컵

완두콩 1작은술

순두부(원통형) $\frac{1}{2}$ 개

현미 가루(또는 녹말) 1큰술

포도씨유 조금

1 맛국물과 무른 밥을 미리 준비한다.

2 돼지고기 40g을 찬물에 살짝 씻어 키친타월로 물기를 제거
한 뒤 다지거나, 작은 덩어리로 썰어 믹서에 간다.
가지와 양파는 껍질을 벗겨 5mm 크기로 깍둑썰기 한다.
토마토는 끓는 물에 살짝 데쳐 껍질을 벗기고 씨를 제거한
뒤 5mm 크기로 깍둑썰기 한다.
삶거나 찐 완두콩은 껍질을 벗긴다.
순두부는 1cm 크기로 썬다.

  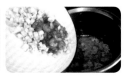

3 작은 냄비를 센 불에 올려 달궈지면 포도씨유를 조금 두르고, 다진 돼지고기와 양파를 넣어
2~3분간 볶는다. 여기에 맛국물 1컵과 가지, 토마토를 넣고 뚜껑을 닫아 중간 불에 8~10
분간 끓인다.

4 맛국물 $\frac{1}{3}$컵에 현미 가루(또는 녹말) 1큰술을 풀어놓는다.

5 ③에 순두부, 완두콩, 현미 가루 풀어놓은 것을 넣고, 중간 불에 국물이 걸쭉해질 때까지
끓인다.

순두부를 넣지 않고 완두콩과 현미 가루만 넣고 끓여 플라스틱 용기에 담아 냉동해두었다
가, 먹일 때 순두부를 넣어 만들어도 된단다.

닭고기·채소 밥

재료

밥 $\frac{8}{9}$ 컵

맛국물(55쪽 참고) 1$\frac{1}{3}$ 컵

닭 가슴살 90g

배추(속잎 부분만 썰어서) $\frac{1}{4}$ 컵

브로콜리(송이 부분만 썰어서) $\frac{1}{3}$ 컵

생표고버섯(혹은 양송이, 갓 부분만 썰어) 3큰술

양파(썰어서) $\frac{1}{2}$ 컵

당근(썰어서) 2큰술

진간장 1~2방울

포도씨유 조금

1 맛국물과 밥을 미리 준비한다.

2 닭 가슴살 90g은 지방과 힘줄을 떼어내고 찬물에 살짝 씻어
키친타월로 물기를 제거한 뒤 잘게 썬다.
송이 부분만 손질한 브로콜리를 1cm 크기로 썬다.
생표고버섯은 갓 부분만 떼어내 씻은 뒤 5mm 크기로 썬다.
배추 속잎, 양파, 당근도 5mm 크기로 썬다.

3 중간 크기의 냄비를 중간 불에 올려 달궈지면 포도씨유를 조
금 두르고, 닭고기와 양파를 볶는다.

4 ③에 진간장 1~2방울을 넣고 맛국물 1$\frac{1}{3}$컵을 붓는다. 준비해놓은 채소를 모두 넣고 뚜껑
을 닫아 중간 불에 6~7분 정도 끓인다.

5 채소가 반쯤 익으면 밥 $\frac{3}{5}$컵을 넣고 4~5분간 끓이다가, 불
을 약하게 줄이고 2분간 뜸을 들인다.

황태 뭇국,
대구 전, 찐 채소

재료

무른 밥(4배 쌀죽, 89쪽 참고) 4~5큰술

황태 뭇국

맛국물(55쪽 참고) 1컵

황태 10g

무(썰어서) $\frac{1}{4}$컵

양파(썰어서) 2큰술

참기름 조금

대구 전

대구(살 부분만) 55g

달걀 $\frac{3}{4}$개

현미 가루(또는 통밀 가루) 1큰술

포도씨유 조금

찐 채소

아스파라거스 적당량

당근 적당량

● 황태 뭇국

1 황태는 가시를 발라내고 물을 조금 부어 불린 뒤 잘게 썬다.
양파와 무도 5mm 크기로 썬다.

2 중간 크기의 냄비를 중간 불에 올려 참기름을 두르고, 썰어놓은 황태와 채소를 넣고 2~3분
간 볶는다. 여기에 맛국물 1컵을 붓고 중간 불에 무가 무르게 익도록 6~7분간 끓인다. 아기
에게 줄 때는 황태는 빼고 주어도 된다.

● 대구 전

1 대구(55g)는 잔가시를 제거한 뒤 너비 2cm, 길이 6cm로 썬다.

2 중간 불에 프라이팬을 올리고 달궈지면 포도씨유를 두른다.
손질해놓은 대구에 현미 가루 1큰술을 고루 묻힌 뒤 달걀물을 입혀 노릇하게 부쳐낸다.

● 찐 채소

1 아스파라거스는 7cm 길이로 잘라놓는다.

2 당근은 두께 1cm, 길이 5cm 크기로 썬다.

3 아스파라거스와 당근을 찜통에 가지런히 넣고 무르게 익었는지 확인하며 쪄낸다.
아스파라거스는 아기가 먹기 좋게, 길이로 반을 갈라 당근과 함께 접시에 담는다.

토마토 소스 스파게티

재료(2회 분량)

쇠고기(홍두깨살) 30g

양파(썰어서) 3$\frac{1}{2}$ 큰술

브로콜리(송이 부분만 썰어서) 1$\frac{1}{2}$ 큰술

빨간 파프리카(썰어서) 1큰술

양송이(썰어서) 1$\frac{1}{2}$ 큰술

물 $\frac{1}{4}$ 컵

토마토 1개

포도씨유 조금

가루 치즈 조금

스파게티 면(삶아서) $\frac{1}{4}$ 컵(1회 분량)

1 111쪽 ④번을 참고해 스파게티 면을 삶는다.

2 쇠고기 30g을 찬물에 살짝 씻어 키친타월로 물기를 제거한 뒤 다지거나, 작은 덩어리로 썰어 믹서에 간다.
송이 부분만 준비한 브로콜리는 5mm 크기로 썬다.
양파, 양송이, 빨간 파프리카도 5mm 크기로 썬다.
토마토는 끓는 물에 살짝 데쳐 껍질을 벗기고 5mm 크기로 썬다.

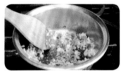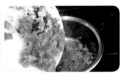

3 작은 냄비를 중간 불에 올려 달궈지면 포도씨유를 조금 두르고 다진 쇠고기와 양파를 넣고 2~3분간 볶는다. 여기에 나머지 채소와 물 ¼컵을 넣고 뚜껑을 닫아 채소가 무르게 익을 때까지 중간 불에 8~10분간 끓인다.

4 그릇에 삶은 스파게티 면 ¼컵과 스파게티 소스를 반 정도 붓고 가루 치즈를 뿌려, 먹일 때 고루 섞어 먹인다.

연어·브로콜리 그라탱

그라탱(gratin)은 조미한 고기와 채소에 치즈와 빵가루를 뿌려 오븐에서 노릇하게 구워낸 요리를 말한다.

재료

연어 120g
브로콜리(송이 부분만 썰어서) $\frac{3}{4}$ 컵
감자(중간 크기, 썰어서) 2개
양파(썰어서) $\frac{1}{2}$ 컵

버터 $\frac{1}{2}$ 큰술
모차렐라 치즈(채친 것으로) 90g
물 $\frac{1}{3}$ 컵
레몬 조금

1. 연어 120g을 씻어 키친타월로 물기를 제거한 뒤, 레몬 즙을 조금 발라놓는다.
송이 부분만 손질한 브로콜리는 1cm 크기로 썬다.
양파는 5mm 크기로 썬다.
감자는 1cm 두께로 둥글게 썬다.

2. 냄비를 중간 불에 올려 달궈지면 버터 $\frac{1}{2}$큰술을 녹여 양파를 넣고 2~3분간 볶는다. 여기에 브로콜리와 물 $\frac{1}{3}$컵을 넣고 뚜껑을 닫아 중간 불에 8~10분간 끓인 뒤 브로콜리를 체로 건져 식힌다.

3. 연어는 내열강화유리그릇에 담아 찜통에 넣고, 감자도 찜통에 가지런히 담아 찐다.
익힌 감자는 식기 전에 으깨어놓는다.
식힌 연어는 손으로 잔가시를 조심스럽게 발라놓는다.

4. ②에 연어와 으깬 감자를 넣고 손으로 잘 섞는다.

만드는 방법

5 섞어놓은 재료 위에 모차렐라 치즈를 고루 뿌린다. 220℃의 오븐에서 10~15분 정도 굽는다(오븐마다 조리 시간에 차이가 있으므로 모차렐라 치즈가 녹아 연한 베이지색을 띠면 오븐에서 꺼낸다).

6 치즈가 식으면 5cm 크기로 네모나게 잘라 1~2조각씩 아기에게 먹인다.

남은 그라탱은 지퍼 팩에 한 조각씩 담아 냉동 보관했다가 필요할 때 중탕해 먹이도록 하렴.

미니 만둣국

재료

미니 만두

돼지고기(등심) 30g

애호박(썰어서) $1\frac{1}{2}$ 큰술

배추(속잎 부분만 썰어서) 1큰술

양파(갈아서) $\frac{1}{2}$ 큰술

달걀 $\frac{1}{2}$ 개

만두피 5개(시중에 파는 것 중 가장 얇은 것으로)

미니 만둣국

미니 만두 6~7개

맛국물(55쪽 참고) 1컵

쇠고기(홍두깨살) 15g

양파(갈아서) $\frac{1}{2}$ 큰술

달걀 $\frac{1}{2}$ 개

● 미니 만두

1 돼지고기 30g을 찬물에 살짝 씻어 키친타월로 물기를 제거한
뒤 다지거나, 작은 덩어리로 썰어 믹서에 간다.
양파는 강판에 간다.
애호박과 배추 속잎은 5mm 크기로 썬다.
달걀($\frac{1}{2}$개)은 곱게 풀어놓는다.

2 오목한 그릇에 돼지고기, 양파, 애호박, 배추 속잎과 달걀을 넣
고 고루 섞어 만두소를 만든다.

3 만두피는 반으로 잘라 반달형으로 준비한다.
만두피에 적당량의 소를 넣어 만두를 빚는다.

4 물에 적신 면 보자기를 찜통에 깔고 미니 만두를 가지런히 놓
는다. 찜통 옆에서 만두가 익었는지 확인하며 쪄낸다.

● 미니 만둣국

1 쇠고기 15g을 찬물에 살짝 씻어 키친타월로 물기를 제거한 뒤 다지거나, 작은 덩어리로 썰어 믹서에 간다.

양파는 강판에 간다.

달걀 $\frac{1}{2}$개는 곱게 풀어놓는다.

2 작은 냄비에 쇠고기와 양파를 넣고 중간 불에 1~2분간 볶는다.

3 ②에 맛국물 1컵을 넣고 뚜껑을 닫아 국물이 우러나도록 중간 불에 7~8분 정도 끓인다. 육수에 만두를 넣고 끓이다가 달걀물을 넣는다.

미니 탕수육

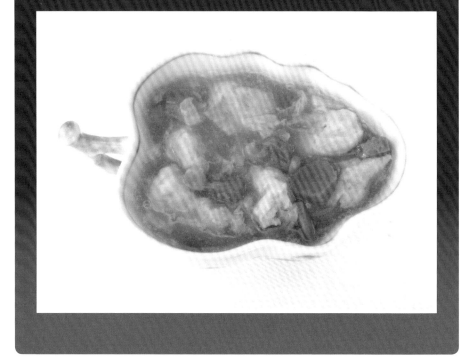

재료

돼지고기(등심) 35g
양파(갈아서) $\frac{1}{2}$ 큰술
달걀(풀어서) 1큰술
현미 가루(또는 통밀 가루나 녹말) $1\frac{1}{2}$ 큰술

소스

사과 주스 $\frac{1}{3}$ 컵
당근(썰어서) 1큰술
배추(속잎 부분만 썰어서) $1\frac{1}{2}$ 큰술
완두콩 5~6알
물 2큰술
녹말 $\frac{1}{2}$ 큰술

1 돼지고기 35g을 찬물에 살짝 씻어 키친타월로 닦아 물기를 제거한 뒤 다지거나, 작은 덩어리로 썰어 믹서에 간다.
양파는 강판에 간다.
달걀은 곱게 풀어놓는다.

2 오목한 그릇에 돼지고기, 양파, 달걀, 현미 가루(또는 통밀 가루나 녹말) 1½ 큰술을 넣고 손으로 잘 섞은 뒤, 지름 1cm, 2.5cm 길이로 둥글게 빚는다.

3 찜통에 내열강화유리그릇(또는 면 보자기)을 넣고 ②를 가지런히 담는다. 고기가 익었는지 확인하며 쪄낸다.

● 소스

1 사과는 껍질을 벗겨 강판에 간 뒤, 면 보자기로 짜서 주스를 만든다.
당근은 완두콩만 한 크기로 썬다.
배추는 속잎 부분만 1cm 크기로 썬다.
삶거나 찐 완두콩은 껍질을 벗긴다.
녹말 ½ 큰술에 물 2큰술을 섞어가며 풀어놓는다.

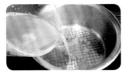 

2 작은 냄비에 사과 주스 $\frac{1}{3}$ 컵과 당근을 넣고 중간 불에 당근이 익도록 6~7분 정도 끓이다가 배추를 넣고 2~3분간 더 끓인다.

3 ②에 완두콩과 녹말 푼 것을 넣고 숟가락으로 젓다가 소스가 걸쭉해지면 불을 끈다.

4 고기를 그릇에 담고 소스를 얹는다.

달걀·채소 샌드위치와 조개 크림수프

조개 크림수프는 보통 클램 차우더(clam chowder)라고 한다.

재료

달걀·채소 샌드위치
달걀 1개
양파(썰어서) 1큰술
감자(썰어서) 2큰술
당근(썰어서) 1큰술
플레인 요구르트 $\frac{1}{2}$ 작은술
마요네즈 $\frac{1}{2}$ 작은술
샌드위치용 빵 2조각

조개 크림수프
바지락(중간 크기) 10개(큰 것은 6개)
감자(썰어서) $\frac{1}{2}$ 컵
양파(썰어서) $\frac{1}{4}$ 컵
물 $1\frac{1}{2}$ 컵
현미 가루(또는 불린 현미) $1\frac{1}{2}$ 큰술
생크림 $\frac{1}{4}$ 컵

● 달걀 · 채소 샌드위치

1 완숙한 달걀은 5mm 크기로 썬다.
양파, 감자, 당근도 5mm 크기로 썬다.

2 채소는 찜통에 면 보자기를 깔고 가지런히 담는다. 채소가 무르게 익었는지 확인하며 쪄낸다.

3 찐 채소와 찐 달걀을 오목한 그릇에 담고 마요네즈 $\frac{1}{2}$ 작은술과 요구르트 $\frac{1}{2}$ 작은술을 넣어 고루 버무린다.

4 빵 위에 버무린 재료를 바르고 식빵을 덮는다. 식빵 가장자리를 자른 뒤, 아기가 먹기 좋은 크기로 등분한다.

양파는 즙이 많이 빠지므로 꼭 내열강화유리그릇에 담아 찌도록 하렴.

● 조개 크림수프

1 해감한 바지락을 깨끗이 씻어 체에 밭쳐 물기를 제거한
뒤 다진다.
감자와 양파는 5mm 크기로 썬다.

2 물 $\frac{1}{4}$ 컵에 현미 가루 $1\frac{1}{2}$ 큰술을 풀어놓는다(불린 현미를 쓸 경우에는 물 $\frac{1}{4}$ 컵을 함께 믹
서에 넣고 곱게 간다).

3 중간 크기의 냄비에 다진 바지락, 감자, 양파, 물 $1\frac{1}{4}$ 컵을
넣고 뚜껑을 닫아 중간 불에 6~7분간 끓이다가, 한소끔 끓
으면 뚜껑을 열고 5~6분 정도 더 끓인다.

4 ③에 현미 가루 풀어놓은 것을 넣는다. 센 불에 주걱으로 저어가며 걸쭉해질 때까지 끓인 후
생크림 $\frac{1}{4}$ 컵을 넣고, 다시 끓기 시작하면 불을 끈다.

바지락은 바닷물 농도(물 1리터에 천일염 30~35g)의 물에 담궈 쇠숟가락을 넣고 소쿠리
를 덮어 2~4시간 정도 두렴. 쇠는 화학작용으로 해감을 촉진하고, 소쿠리를 덮어 어둡게
해주면 빨리 해감이 된단다. 조개류는 가을철과 겨울철(9월부터 2월)에 재료로 사용하는
것이 위생적이고 안전하단다.

조개 소스 스파게티

재료

스파게티 면(삶아서) $\frac{1}{4}$ 컵
치즈 가루 조금

조개 소스

바지락 6개
애호박(썰어서) 3큰술
양파(썰어서) 2큰술
버터 1작은술
물 $\frac{1}{3}$ 컵
현미 가루(또는 통밀 가루) 1큰술

1 111쪽 ④번을 참고해 스파게티 면을 삶는다.

2 해감한 바지락을 깨끗이 씻어 체에 밭쳐 물기를 제거한 뒤 다진다.
애호박, 양파는 5mm 크기로 썬다.

3 물 2큰술에 현미 가루(또는 통밀 가루) 1큰술을 풀어놓는다.

4 냄비가 달궈지면 버터를 조금 녹여 바지락, 애호박, 양파를 넣고 중간 불에 2~3분간 볶는다. 여기에 남은 물을 붓고 뚜껑을 닫아 중간 불에 4~5분간 더 끓인다.

5 끓인 재료에 현미 가루 풀어놓은 것을 넣고 주걱으로 저어가며 걸쭉해질 때까지 끓인다.

6 그릇에 스파게티 면 $\frac{1}{4}$ 컵을 담고 그 위에 소스를 얹고, 치즈 가루도 뿌린다.

연어 샌드위치와
아스파라거스 크림수프

재료

연어 샌드위치
연어 35g
양파(썰어서) 1큰술
셀러리(갈아서) 1작은술
플레인 요구르트 $\frac{1}{2}$ 작은술
마요네즈 $\frac{1}{2}$ 작은술
레몬 조금
샌드위치용 식빵 2조각

아스파라거스 크림수프
닭고기 육수(53쪽 참고) $1\frac{1}{2}$ 컵
아스파라거스(썰어서) $1\frac{1}{2}$ 컵
양파(썰어서) $\frac{1}{2}$ 컵
생크림(또는 우유) $\frac{1}{4}$ 컵
현미 가루(또는 불린 현미) $1\frac{1}{2}$ 큰술

● 연어 샌드위치

1 연어 35g을 깨끗이 씻어 물기를 제거한 뒤 레몬 즙을 살짝 바른다.
양파는 5mm 크기로 썬다.
셀러리는 섬유질을 제거하고 강판에 간다.

2 연어와 양파는 내열강화유리그릇에 담아 찜통에 넣는다. 젓가락 등으로 익었는지 확인하며 쪄낸다. 식힌 연어는 잔가시를 조심스럽게 발라내고, 살을 살살 풀어놓는다.

3 쪄낸 재료와 셀러리, 요구르트 $\frac{1}{2}$ 작은술과 마요네즈 $\frac{1}{2}$ 작은술을 오목한 그릇에 담아 잘 버무린다.

4 빵 위에 버무린 재료를 펴서 바르고, 식빵 가장자리를 잘라낸다. 아이가 먹기 좋은 크기로 등분한다.

● 아스파라거스 크림수프

1 아스파라거스와 양파를 1cm 크기로 썬다.
닭고기 육수 $\frac{1}{4}$컵에 현미 가루 1$\frac{1}{2}$큰술을 푼다(불린 현미를
사용할 경우에는 닭고기 육수 $\frac{1}{4}$컵을 함께 믹서에 넣고 간다).

2 냄비에 아스파라거스, 양파, 닭고기 육수 1$\frac{1}{4}$컵을 넣는다.
냄비 뚜껑을 닫고 중간 불에 8분쯤 끓인 후 불을 끄고 식힌다.

3 식힌 채소와 육수를 믹서에 곱게 간다.

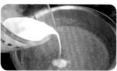

4 ③에 현미 가루 풀어놓은 것을 넣는다. 센 불에 주걱으로 저어가며 걸쭉해질 때까지 끓인
후 생크림 $\frac{1}{4}$컵을 넣고, 다시 끓기 시작하면 불을 끈다.

돼지고기·사과 샌드위치와 단호박 크림수프

재료

돼지고기·사과 샌드위치
돼지고기(등심) 35g
사과(갈아서) $2\frac{1}{2}$ 큰술
양파(갈아서) 1작은술
샌드위치용 식빵 2조각

단호박 크림수프
닭고기 육수(53쪽 참고) $1\frac{1}{2}$ 컵
단호박(썰어서) $1\frac{1}{2}$ 컵
양파(썰어서) $\frac{1}{2}$ 컵
생크림 $\frac{1}{4}$ 컵
현미 가루(또는 불린 현미) 1큰술

● 돼지고기 · 사과 샌드위치

돼지고기 35g을 찬물에 살짝 씻어 키친타월로 물기를 제거한 뒤 다지거나, 작은 덩어리로 썰어 믹서에 간다.
양파는 강판에 갈아 고기를 재어놓는다.
껍질을 벗긴 사과도 강판에 갈아 준비한다.

2 중간 크기의 냄비에 돼지고기와 사과를 넣고 중간 불에 주걱으로 저어가며 졸인다. 사과와 돼지고기가 부드럽게 익고 국물이 졸면 불을 끄고 식힌다.

3 식빵 위에 졸인 재료를 고루 펴 바르고 식빵으로 덮는다.
빵 가장자리를 잘라내고, 아기가 먹기 좋게 등분한다.

● 단호박 크림수프

단호박은 1cm 크기로 깍둑썰기 한다.
양파도 1cm 크기로 썬다.

2 중간 크기의 냄비에 단호박, 양파, 닭고기 육수 1½컵을 넣고 냄비 뚜껑을 닫아 중간 불에 8~10분간 끓인 후 식힌다.

3 식힌 재료를 믹서에 넣고 곱게 간다.

4 닭고기 육수 ¼컵에 현미 가루 1큰술을 푼다(불린 현미를 사용할 경우에는 육수 ¼컵을 함께 넣고 믹서에 간다).

5 ③에 현미 가루 풀어놓은 것을 넣는다. 센 불에 주걱으로 저어가며 걸쭉해질 때까지 끓인 후 생크림 ¼컵을 넣고, 다시 끓기 시작하면 불을 끈다.

대구·브로콜리 찜

재료

무른 밥(4배 쌀죽, 89쪽 참고) 4~5큰술
맛국물(55쪽 참고) $\frac{3}{4}$ 컵
대구(살 부분만) 35g

브로콜리(송이 부분만 썰어서) $3\frac{1}{2}$ 큰술
양파(갈아서) 1작은술
현미 가루(또는 녹말) 1큰술

1 무른 밥을 미리 준비한다.

2 대구 35g을 1cm 크기로 네모나게 썰어, 강판에 간 양파에 재어놓는다.
송이 부분만 준비한 브로콜리는 1cm 크기로 썬다.

3 맛국물 $\frac{1}{4}$컵에 현미 가루(혹은 녹말) 1큰술을 풀어놓는다.

4 작은 냄비에 브로콜리, 맛국물 $\frac{1}{2}$컵을 넣고 중간 불에 채소가 익을 때까지 5~6분간 끓이다가 대구를 넣고 1~2분간 끓인다.
대구가 익으면 풀어놓은 현미 가루 1큰술을 넣고 걸쭉해질 때까지 2분 정도 주걱으로 저어가며 끓인다.

5 무른 밥을 담고 그 옆에 대구 · 브로콜리 찜을 부어, 먹일 때 섞어서 먹인다.

연두부탕과
가리비·애호박전

재료

무른 밥(4배 쌀죽, 89쪽 참고) 4~5큰술

연두부탕
맛국물(55쪽 참고) 1컵
쇠고기(홍두깨살) 15g
양파(갈아서) 1큰술

순두부(원통형) $\frac{1}{4}$ 개

가리비·애호박전
가리비 70g
애호박(채썰어) $\frac{3}{4}$ 컵
달걀 1개
현미 가루(또는 통밀 가루) 2큰술
포도씨유 조금

무른 밥을 미리 준비한다.

● 연두부탕

1 쇠고기 15g을 찬물에 살짝 씻어 키친타월로 물기를 제거한
뒤 다지거나, 작은 덩어리로 썰어 믹서에 간다.
양파는 껍질을 벗겨 강판에 갈아놓는다.
순두부도 1cm 크기로 깍둑썰기 한다.

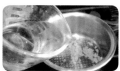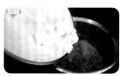

2 중간 크기의 냄비에 쇠고기와 양파를 넣고 중간 불에 1~2분간 볶다가 맛국물 1컵을 붓
고 7분간 끓인다. 여기에 순두부를 넣고 2~3분 정도 더 끓인다.

● 가리비 · 애호박전

1 씻은 가리비는 체에 밭쳐 물기를 제거한 뒤 다진다.
애호박은 잘게 채친다.

2 오목한 그릇에 가리비, 애호박, 달걀 1개, 현미 가루 2큰술
을 넣고 잘 섞는다.

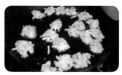

3 중간 불에 프라이팬이 달궈지면
포도씨유를 두르고 반죽한 것을
한 숟가락씩 떠서 노릇하게 부쳐
낸다.

미니 햄버거, 감자채 부침, 브로콜리 크림수프

재료

미니 햄버거
쇠고기(홍두깨살) 40g
양파(갈아서) 2작은술
당근(갈아서) 1큰술
달걀(풀어서) 1큰술
빵가루 2큰술
케첩 $\frac{3}{4}$ 작은술
포도씨유 조금

감자채 부침
감자 $\frac{1}{4}$ 개
포도씨유 조금

브로콜리 크림수프
닭고기 육수(53쪽 참고) 1$\frac{1}{2}$ 컵
브로콜리(송이 부분만 썰어서) 1$\frac{1}{2}$ 컵
양파(썰어서) $\frac{1}{2}$ 컵
생크림 $\frac{1}{4}$ 컵
현미 가루(또는 불린 현미) 1$\frac{1}{2}$ 큰술

● 미니 햄버거

1 쇠고기 40g을 찬물에 살짝 씻어 키친타월로 물기를 제거한 뒤
다지거나, 작은 덩어리로 썰어 믹서에 간다.
양파와 당근은 강판에 간다.
달걀은 곱게 풀어놓는다.

2 오목한 그릇에 쇠고기, 양파, 당근, 빵가루, 케찹 ¾작은술, 달걀물 1큰술을 넣고, 두께 1cm,
지름 3~4cm의 미니 햄버거를 만든다.

3 중간 불에 프라이팬이 달궈지면 포도
씨유를 조금 두르고, 만들어놓은 햄
버거를 노릇하게 부쳐낸다.

● 감자채 부침

1 손질한 감자는 잘게 채친다

2 중간 불에 프라이팬이 달궈지면 포도
씨유를 조금 두르고 채친 감자를 숟
가락으로 떠서 노릇하게 부쳐낸다.

● 브로콜리 크림수프

1 송이 부분만 손질한 브로콜리는 1cm 크기로 썬다.
   양파는 1cm 크기로 네모나게 썬다.

2 중간 크기의 냄비에 브로콜리, 양파, 닭
   고기 육수 1 $\frac{1}{4}$ 컵을 넣고 중간 불에 8분
   정도 끓인 후 불을 끄고 식힌다.

3 식힌 재료를 믹서에 넣고 간다.

4 육수 $\frac{1}{4}$ 컵에 현미 가루 1 $\frac{1}{2}$ 큰술을 풀어놓는다(불린 현미를 사용할 경우는 육수 $\frac{1}{4}$ 컵을
   믹서에 함께 넣고 곱게 간다).

5 ③에 현미 가루 풀어놓은 것을 넣고, 센
   불에 주걱으로 저어가며 걸쭉해질 때까
   지 끓인다. 한소끔 끓으면 생크림 $\frac{1}{4}$ 컵
   을 넣고, 다시 끓기 시작하면 불을 끈다.

달걀·채소찜

재료

맛국물(55쪽 참고) $\frac{1}{4}$컵

브로콜리(송이 부분만 썰어서) 1작은술

게맛살(저며서) 1작은술

달걀 1개

생표고버섯(갓 부분만 썰어서) 1작은술

만드는 방법

1 송이 부분만 손질한 브로콜리는 잘게 다진다.

생표고버섯은 갓 부분만 물에 씻어 물기를 제거하고 5mm 크기로 썬다.

2 내열 용기에 달걀 1개와 맛국물 $\frac{1}{4}$컵을 잘 풀고 준비한 채소를 넣는다.

3 중간 크기의 냄비에 $\frac{1}{4}$ 정도 물을 붓고, 달걀을 풀어놓은 용기를 넣고 중간 불에 8~10분
간 중탕한다.

달걀찜이 다 되어가면 1mm 두께로 얇게 저민 게맛살을 달걀찜 위에 올린 뒤 1분 정도 더
찐다.

단호박·치즈 샌드위치와 완두콩 수프

재료

단호박·치즈 샌드위치
단호박 1토막
샌드위치용 치즈 $1\frac{1}{2}$장
샌드위치 식빵 2조각

완두콩 수프
60쪽 참고

● 단호박 · 치즈 샌드위치

 1 단호박은 두께 2cm에 5cm 크기로 네모나게 썬다.

 2 내열강화유리그릇에 단호박을 가지런히 담아 찜통에 넣는다. 젓가락 등으로 익었는지 확인하며 쪄낸다.

3 빵 위에 단호박 4조각과 치즈를 올리고, 식빵으로 덮는다.
아기가 먹기 좋게 가장자리를 잘라내고, 4조각 정도로 등분한다.

닭고기 덮밥

재료

무른 밥(4배 쌀죽, 89쪽 참고) 4~5큰술
맛국물(55쪽 참고) $\frac{3}{4}$ 컵
닭 가슴살 35g
브로콜리(송이 부분만 썰어서) 2큰술
양파(썰어서) 2큰술

배추(속잎 부분만 썰어서) 2큰술
당근(썰어서) $1\frac{1}{2}$ 큰술
생표고버섯(또는 양송이, 썰어서) 1큰술
달걀(풀어서) 1큰술
진간장 1~2방울

1 무른 밥을 미리 준비한다.

2 닭 가슴살 35g은 지방과 힘줄을 떼어내고 찬물에 살짝 씻어 키친타월로 물기를 제거한 뒤 잘게 썰어 곱게 다진다.
송이 부분만 손질한 브로콜리는 5mm 크기로 썬다.
양파, 배추 속잎은 5mm 크기로 썬다.
당근은 두께 1~2mm에 5mm 길이로 썬다.
표고버섯도 갓 부분만 씻어 5mm 크기로 썬다.

3 중간 크기의 냄비에 닭고기, 채소, 맛국물 $\frac{3}{4}$컵과 진간장 1~2방울을 넣고 뚜껑을 닫아 중간 불에 채소가 무르게 익도록 10분 정도 끓인다.

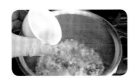

4 달걀물 1큰술을 넣고 달걀이 익으면 불을 끈다.

5 그릇에 무른 밥을 담고, ③을 밥 위에 얹는다.

참치 버거와 찐 채소

재료

참치 버거

참치(살 부분만) 35g
양파(갈아서) 1작은술
달걀(풀어서) 1큰술
현미 가루(또는 통밀 가루) $\frac{2}{3}$ 큰술
진간장 1~2방울

포도씨유 조금

찐 채소

단호박 1토막
당근 1토막
아스파라거스 2~3토막

● 참치 버거

1 참치 35g을 깨끗이 씻어 물기를 제거한 뒤 잘게 다진다.
양파는 강판에 간다.

2 다진 참치, 양파, 달걀물 1큰술, 현미 가루(또는 통밀 가루) $\frac{1}{3}$큰술, 진간장 1~2방울을 오목한 그릇에 담고 잘 섞어 두께 1cm, 지름 3cm 크기의 참치 버거를 만든다.

3 중간 불에 프라이팬이 달궈지면 포도씨유를 두르고 참치 버거를 노릇하게 부친다.

● 찐 채소

1 단호박과 당근은 두께 7mm, 길이 6cm 정도로 썬다.
밑동을 잘라낸 아스파라거스는 7cm 길이로 썬다.

2 찜통에 단호박, 당근, 아스파라거스를 넣고 중간 불에 찐다. 채소가 아주 무르게 익으면 불을 끈다.
아스파라거스는 아기가 먹기 좋게, 길이로 반을 갈라 접시에 담는다.

연어·김 주먹밥과 미소 국

재료

연어·김 주먹밥
무른 밥(4배 쌀죽, 89쪽 참고) 5큰술
연어 20g
김 $\frac{1}{4}$ 장
진간장 1~2방울
레몬 조금

미소 국
맛국물(55쪽 참고) $\frac{3}{4}$ 컵
미소 $\frac{1}{4}$ 작은술
찌개용 두부(썰어서) 3~4큰술

● 연어 · 김 주먹밥

1 무른 밥과 김, 연어를 준비한다.

2 연어 20g을 깨끗이 씻어 물기를 제거한 뒤 레몬 즙을 조금 뿌려 내열강화유리그릇에 담아 찜통에 넣는다. 젓가락 등으로 익었는지 확인하며 쪄낸다.

3 식힌 연어는 손으로 조심스럽게 잔가시를 발라놓는다.

4 무른 밥과 연어, 진간장 1~2방울을 오목한 그릇에 담고 잘 섞는다.
밥을 뭉쳐 타원형으로 만든다. 구운 김을 잘게 부서 밥에 입힌다.

● 미소국

1 작은 냄비에 맛국물 $\frac{3}{5}$컵을 붓고 미소 $\frac{1}{4}$작은술을 푼다.

2 1cm 크기로 깍둑썰기 한 두부를 넣고 중간 불에 한소끔 끓인다.

새우·애호박전과
쇠고기·애호박 국

재료

무른 밥(4배 쌀죽, 89쪽 참고) 4~5큰술   포도씨유 조금

새우·애호박전

새우(중간 크기) 70g

애호박(썰어서) $\frac{3}{4}$ 컵

달걀 1개

현미 가루(또는 통밀 가루) 2큰술

쇠고기·애호박 국

맛국물(55쪽 참고) 1컵

쇠고기(홍두깨살) 15g

애호박(썰어서) $\frac{1}{4}$ 컵

양파(갈아서) $1\frac{1}{2}$ 큰술

● 새우 · 애호박전

1 새우는 이쑤시개 등으로 내장을 제거한 뒤 깨끗이 씻어 잘
   게 다진다.
   애호박은 잘게 채친다.

2 다진 새우, 애호박, 달걀 1개와 통밀 가루(혹은 현미 가루) 2큰
   술을 오목한 그릇에 잘 섞어놓는다.

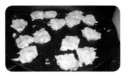

3 중간 불에 프라이팬이 달궈지면 포도씨유를 두르고, 한 숟
   가락씩 떠서 노릇하게 부친다.

● 쇠고기 · 애호박 국

1 쇠고기 15g을 찬물에 살짝 씻어 키친타월로 물기를 제거한
   뒤 다지거나, 작은 덩어리로 썰어 믹서에 간다.
   애호박은 7mm 크기로 썬다.
   양파는 강판에 간다.

2 작은 냄비에 쇠고기와 양파를 넣고 중간 불에 2~3분간 볶
   는다.

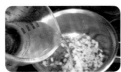

3 ②에 애호박과 맛국물 1컵을
   넣고 냄비 뚜껑을 닫아 호박이
   무르게 익을 때까지 7~8분 정
   도 끓인다.

치킨 너깃과 미네스트로네

미네스트로네(minestrone)는 이탈리아의 대표적인 수프로, 각종 채소와 파스타를 넣고 끓인다.

재료
파스타(나사형) 15개+물 1컵

치킨 너깃
닭 가슴살 35g
달걀(풀어서) 1큰술
현미 가루(통밀 가루) 1큰술
빵가루 2큰술

미네스트로네
닭고기 육수(53쪽 참고) 1$\frac{1}{2}$ 컵
브로콜리(송이 부분만 썰어서) $\frac{3}{8}$ 컵
콜리플라워(송이 부분만 썰어서) 3큰술
당근(썰어서) 2큰술
양파(썰어서) 2큰술
빨간 파프리카(썰어서) 1큰술
토마토(썰어서) $\frac{2}{3}$ 컵

작은 냄비에 물 1컵을 붓고 뚜껑을 닫아 조금 센불에 올린다. 물이 끓으면 파스타를 넣고 중간 불에 뚜껑을 연 채로 파스타가 아주 무를 때까지 10~15분가량 끓인다.

● 치킨 너깃

1 닭 가슴살 35g은 지방과 힘줄을 떼어내고 찬물에 살짝 씻어 키친타월로 물기를 제거한 뒤, 두께 1cm, 길이 3cm 크기로 썬다.

 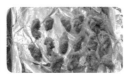

2 닭고기에 현미 가루를 고루 묻혀 달걀물에 담갔다가 빵가루를 입힌다.
오븐 전용 쟁반에 포도씨유를 조금 바르고 준비해놓은 치킨 너깃을 가지런히 놓는다.
220℃의 오븐에서 너깃이 익을 때까지 5분 정도 굽는다.

● 미네스트로네

1 송이 부분만 준비한 브로콜리와 콜리플라워를 5mm 크기로 썬다.
양파, 당근, 빨간 파프리카도 5mm 크기로 썬다.
토마토는 끓는 물에 살짝 데쳐 껍질을 벗기고 씨를 뺀 뒤 5mm 크기로 썬다.

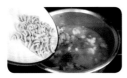 

2 중간 크기의 냄비에 썰어놓은 채소와 닭고기 육수 1½컵을 넣고 중간 불에 채소가 무르게 익도록 14~15분 정도 끓인다. 여기에 삶은 파스타를 넣고 2~3분간 끓인 후 불을 끈다.

잘게 썬 닭고기는 빨리 익기 때문에 뒤집어 익히지 않아도 된단다.

대구 커틀릿과
양배추 샐러드

커틀릿(cutlet)은 고기를 납작하게 썰거나 다져서 빵가루를 묻혀 기름에 튀긴 요리를 말한다.
생선 커틀릿과 양배추 샐러드는 피시칩과 콜슬로라고도 한다.

재료

대구 커틀릿
대구(살 부분만) 35g
달걀(풀어서) 1큰술
통밀 가루(또는 현미 가루) 1큰술
빵가루 1$\frac{1}{2}$ 큰술

양배추 샐러드
양배추(썰어서) 2큰술
당근(썰어서) $\frac{1}{2}$ 작은술
플레인 요구르트 $\frac{1}{4}$ 작은술
마요네즈 $\frac{1}{4}$ 작은술

● 대구 커틀릿

1 잔가시를 제거한 대구 35g을 깨끗이 씻어 물기를 빼고 가로 1cm에 3.5cm 정도의 길이로 썬다. 통밀 가루(또는 현미 가루)를 고루 묻혀 달걀물에 담갔다가 빵가루를 입힌다.

2 오븐 전용 쟁반에 포도씨유를 조금 바르고 대구 커틀릿을 가지런히 놓는다.
220℃의 오븐에서 대구 커틀릿이 익을 때까지 5분 정도 굽는다.

● 양배추 샐러드

1 양배추는 씻어서 물기를 빼고 2~3mm 두께에 1.5cm 길이로 채친다.
손질한 당근도 2~3mm 두께에 1.5cm 길이로 채친다.

2 작은 내열강화유리그릇에 썰어놓은 양배추와 당근을 담아 찜통에 넣는다. 채소가 무르게 익었는지 확인하며 쪄낸다

3 식힌 채소에 플레인 요구르트 $\frac{1}{4}$작은술과 마요네즈 $\frac{1}{4}$작은술을 넣고 섞는다.

굴튀김, 찐 채소와
새우 뭇국

재료

굴튀김
생굴 5개
빵가루 $\frac{1}{3}$ ~ $\frac{1}{4}$ 컵
현미 가루(또는 통밀 가루) 1큰술
달걀 1개
포도씨유 적당량

찐 채소
아스파라거스 적당량
단호박 적당량

새우 뭇국
맛국물(55쪽 참고) 1컵
새우(중간 크기) 2개(15g)
무(썰어서) $\frac{1}{4}$ 컵
양파(썰어서) 2큰술

● 굴튀김

깨끗이 씻은 생굴은 체에 밭쳐 물기를 제거한다.
오목한 그릇에 굴을 담고 현미 가루 1큰술을 넣어 잘 버무린다.

현미 가루를 묻힌 굴을 달걀물에 담가 빵가루를 입힌 뒤 털어내고, 다시 빵가루를 입힌다.

중간 불에 프라이팬이 달궈지면 포도씨유를 적당히 두르고 굴을 노릇하게 부쳐낸다.

● 찐 채소

1 아스파라거스는 7cm 길이로 썬다. 단호박은 두께 1cm, 길이 6cm로 썬다.

2 아스파라거스와 단호박을 찜통에 가지런히 넣고 무르게 쪄낸다.

아기의 소화나 건강을 고려해 튀기는 대신 부치는 방식을 택했단다.

● 새우 뭇국

1 새우는 이쑤시개 등으로 내장을 제거한 뒤 깨끗이 씻어 잘게
   다진다.
   무는 5mm 크기로 썬다.
   양파는 강판에 간다.

2 작은 냄비에 다진 새우와 양파를 넣고 중간 불에 잠깐 볶
   는다.

3 볶은 재료에 무와 맛국물 1컵을
   넣는다. 냄비 뚜껑을 닫고 중간
   불에 무가 무르게 익도록 7~8분
   간 끓인다.

베이비 샤부샤부

샤부샤부(しゃぶしゃぶ)는 채소, 고기 등 갖가지 재료를 뜨거운 육수에 넣어 익혀 먹는 일본 요리다.

재료

맛국물(55쪽 참고) 1컵
샤부샤부용 쇠고기 35g
브로콜리(송이 부분만 썰어서) 2큰술
양파(썰어서) 2큰술
양송이(썰어서) 2큰술

배추 속잎(썰어서) 2큰술
당근(썰어서) 1큰술
우동(썰어서) 5큰술
간장 2방울

1 살짝 얼려둔 쇠고기는 두께 1mm에, 1cm 크기로 네모나
게 썬다.
배추 속잎, 당근, 양송이, 브로콜리, 양파는 1cm 크기로 썬다.
우동은 3cm 길이로 썰어 뜨거운 물에 담가놓는다.

2 작은 냄비에 채소와 우동을 넣고 간장 2방울과 맛국물 1컵
을 붓는다.

3 중간 불에 채소가 무르게 익도록 9~10분 정도 끓인다.
여기에 뜨거운 물에 불린 우동을 넣고 1~2분 정도 끓이다
가 썰어놓은 쇠고기를 넣고 숟가락으로 한 번 저은 뒤 불
을 끈다.
쇠고기의 붉은빛이 가시면 그릇에 담아낸다.

아이가 열이 나거나 설사를 할 때는 연한 보리차나 묽은 미음을 먹이다가 조금 나아지면 단호박 미음이나 고구마 미음을 먹이렴. 열이 떨어지거나 설사가 그쳐도 바로 해당 개월 수의 이유식을 먹이기보다 전 단계 이유식을 먹이면서 상태를 확인해야 한단다. 그리고 기침을 자주 할 때는 당근과 배를 강판에 갈아 면 보자기에 짜서 만든 당근·배 주스를 먹여보려무나.

지난번에 보니 나라가 퍼즐 맞추기를 좋아하더구나. 아기 동물과 과일 그림이 그려진 퍼즐과 아이들이 가지고 놀기 쉬운 악기(북, 탬버린, 미니 피리, 미니 하모니카, 실로폰)를 나라 아빠 편에 보내니 기분 좋을 때 같이 놀아주렴.

이제 젖도 뗐다고 하니 아침에 일어났을 때나 아침 식사 때 컵에 우유를 조금씩 담아 먹이도록 하렴. 자기 전에도 우유병 대신 컵을 사용하도록 가르치되, 너무 서두르지 말고 아이가 천천히 적응할 수 있게 해야 한단다.

그리고 이 시기가 되면 치아가 제법 많이 나 있을 시기이니, 젖니가 썩지 않도록 식사를 마치면 반드시 아기 칫솔로 이를 닦아주도록 하려무나. 영구치가 썩지 않으려면 젖니가 건강해야 한다니 각별히 신경을 써야겠구나.

집에 왔을 때 보니 나라가 아주 능숙하게 크레용을 잡더구나. 아이가 기분이 좋을 때 아이 책상에 앉히고, 도화지를 놓아주도록 하렴. 자기가 그리는 대로 도화지가 채워지는 것을 아이들은 좋아한단다.

나라 아빠도 거의 한 살 무렵에 크레용을 쥐고 무언가 그리기 시작해, 일 년이 지나 두 살 때는 아주 멋진 그림을 그리는 꼬마 화가가 되었단다.

아이가 뭔가를 쓰거나 그리거나 색칠하는 것을 재밌어 하도록 습관을 들여 집중력을 높이도록 하려무나. 이런 좋은 습관이 쌓이면 훗날 공부하는 데 많은 도움이 된단다.

지난주에 보낸 동화책들을 나라가 자기 전에 읽어주고 있다니 정말 흐뭇하구나. 나라 아빠도 어릴 적에 책 읽어주는 시간을 무척이나 좋아했단다. 어려서부터 익힌 독서 습관은 커서까지 이어져 삶을 더 풍부하게 만든단다.

딸기·바나나·배 퓌레와 요구르트

재료 딸기 2~3개, 바나나 $\frac{1}{4}$개, 배 $\frac{1}{8}$개, 플레인 요구르트 1$\frac{1}{2}$큰술

● 딸기는 깨끗이 씻어 체에 밭쳐 물기를 뺀다. 바나나와 배는 껍질을 벗겨 잘게 썬다.

● 믹서에 딸기, 바나나, 배를 넣고 곱게 갈아 퓌레를 만든다.

● 딸기 · 바나나 · 배 퓌레 2$\frac{1}{2}$큰술과 플레인 요구르트 1$\frac{1}{2}$큰술을 담아, 먹일 때 섞어서 먹인다.

딸기·바나나·배 퓌레와 아보카도

재료 딸기 2~3개, 바나나 $\frac{1}{4}$개, 배 $\frac{1}{8}$개, 아보카도 $\frac{1}{4}$개

- 딸기는 깨끗이 씻어 체에 받쳐 물기를 뺀다. 바나나와 배는 껍질을 벗겨 잘게 썬다.
- 믹서에 딸기, 바나나, 배를 넣고 곱게 갈아 퓌레를 만든다.
- 아보카도는 과육을 긁어내 오목한 그릇에 담고, 크림 상태가 되도록 숟가락으로 으깬다.
- 딸기 · 바나나 · 배 퓌레 2$\frac{1}{2}$ 큰술과 아보카도 1$\frac{1}{2}$ 큰술을 담아, 먹일 때 섞어서 먹인다.

산딸기·바나나·배 퓌레와 요구르트

재료   산딸기 8개, 바나나 $\frac{1}{4}$ 개, 배 $\frac{1}{8}$ 개, 플레인 요구르트 1 $\frac{1}{2}$ 큰술

- 산딸기는 깨끗이 씻은 뒤 체에 받쳐 물기를 뺀다. 바나나와 배는 껍질을 벗겨 잘게 썬다.
- 믹서에 산딸기, 바나나, 배를 넣고 곱게 갈아 퓌레를 만든다.
- 산딸기 · 바나나 · 배 퓌레 2 $\frac{1}{2}$ 큰술과 플레인 요구르트 1 $\frac{1}{2}$ 큰술을 담아, 먹일 때 섞어
  서 먹인다.

산딸기·바나나·배 퓌레와 아보카도

재료 산딸기 8개, 바나나 $\frac{1}{4}$개, 배 $\frac{1}{8}$개, 아보카도 $\frac{1}{4}$개

● 산딸기는 깨끗이 씻은 뒤 체에 밭쳐 물기를 뺀다. 바나나와 배는 껍질을 벗겨 잘게 썬다.

● 믹서에 산딸기, 바나나, 배를 넣고 곱게 갈아 퓌레를 만든다.

● 아보카도는 과육을 긁어내 오목한 그릇에 담고, 크림 상태가 되도록 숟가락으로 으깬다.

● 산딸기 · 바나나 · 배 퓌레 2$\frac{1}{2}$큰술과 아보카도 1$\frac{1}{2}$큰술을 담아, 먹일 때 섞어서 먹인다.

블루베리·바나나·배 퓌레와 요구르트

재료 블루베리 15개, 바나나 $\frac{1}{4}$개, 배 $\frac{1}{8}$개, 플레인 요구르트 1$\frac{1}{2}$큰술

- 블루베리는 깨끗이 씻은 뒤 체에 밭쳐 물기를 뺀다. 배와 바나나는 껍질을 벗겨 잘게 썬다.

- 믹서에 블루베리, 바나나, 배를 넣고 곱게 갈아 퓌레를 만든다.

- 블루베리 · 바나나 · 배 퓌레 2$\frac{1}{2}$큰술과 플레인 요구르트 1$\frac{1}{2}$큰술을 담아, 먹일 때 섞어서 먹인다.

블루베리·바나나·배 퓌레와 아보카도

재료 블루베리 15개, 바나나 $\frac{1}{4}$ 개, 배 $\frac{1}{8}$ 개, 아보카도 $\frac{1}{4}$ 개

- 블루베리는 깨끗이 씻은 뒤 체에 밭쳐 물기를 뺀다. 배와 바나나는 껍질을 벗겨 잘게 썬다.

- 믹서에 블루베리, 바나나, 배를 넣고 곱게 갈아 퓌레를 만든다.

- 아보카도는 과육을 긁어내 오목한 그릇에 담고, 크림 상태가 되도록 숟가락으로 으깬다.

- 블루베리 · 바나나 · 배 퓌레 2$\frac{1}{2}$ 큰술과 아보카도 1$\frac{1}{2}$ 큰술을 담아, 먹일 때 섞어서 먹인다.

파파야, 청포도와 요구르트

재료 파파야 $\frac{1}{4}$개, 청포도(큰 것) 4~5개(작은 것은 7~8개), 플레인 요구르트 1$\frac{1}{2}$큰술

- 파파야를 7mm 크기로 깍둑썰기 한다. 껍질을 벗겨 씨를 뺀 청포도 파파야와 비슷한 크기로 썬다.
- 파파야와 청포도를 각각 1$\frac{1}{2}$큰술씩 담고 플레인 요구르트 1$\frac{1}{2}$큰술을 담아, 먹일 때 섞어서 먹인다.

파파야와 망고는 비타민 A와 비타민 C가 풍부해, 미국과 영국에서는 이유식 재료로 각광을 받고 있단다.

망고, 키위와 요구르트

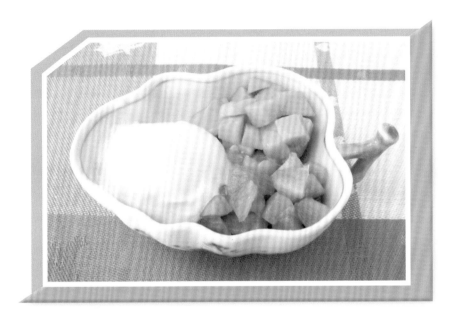

재료 망고 $\frac{1}{4}$개, 키위(큰 것) 1개, 플레인 요구르트 1$\frac{1}{2}$큰술

- 망고를 7mm 크기로 깍둑썰기 한다. 키위는 씨가 적은 가장자리 부분을 7mm로 크기로 깍둑썰기 한다.
- 망고와 키위를 각각 1$\frac{1}{2}$큰술씩 담고 플레인 요구르트 1$\frac{1}{2}$큰술을 담아, 먹일 때 섞어서 먹인다.

딸기, 바나나와 요구르트

재료   딸기 2개, 바나나 $\frac{1}{4}$개, 플레인 요구르트 $1\frac{1}{2}$큰술

- 체에 밭쳐 물기를 제거한 딸기는 7mm 크기로 깍둑썰기 한다. 바나나도 7mm 크기로 깍둑썰기 한다.
- 딸기와 바나나를 각각 $1\frac{1}{2}$큰술씩 담고 플레인 요구르트 $1\frac{1}{2}$큰술을 담아, 먹일 때 섞어서 먹인다.

망고, 바나나와 아보카도

재료 망고 ¼개, 바나나 ¼개, 아보카도 ¼개

- 망고와 바나나는 7mm 크기로 깍둑썰기 한다.
- 아보카도는 과육을 긁어내 오목한 그릇에 담고, 크림 상태가 되도록 숟가락으로 으깬다.
- 망고와 바나나를 각각 $1\frac{1}{2}$ 큰술씩 담고 아보카도 $1\frac{1}{2}$ 큰술을 담아, 먹일 때 섞어서 먹인다.

망고, 청포도와 요구르트

재료 망고 $\frac{1}{4}$개, 청포도(큰 것) 4~5개(작은 것은 7~8개), 플레인 요구르트 1$\frac{1}{2}$큰술

● 망고는 7mm로 깍둑썰기 한다. 껍질을 벗겨 씨를 뺀 청포도는 망고만 한 크기로 썬다.
● 망고와 청포도를 각각 1$\frac{1}{2}$큰술씩 담고 플레인 요구르트 1$\frac{1}{2}$큰술을 담아, 먹일 때 섞어서 먹인다.

망고, 청포도와 아보카도

재료 망고 $\frac{1}{2}$개, 청포도 5~7개, 아보카도 $\frac{1}{4}$개

- 망고는 7mm로 깍둑썰기 한다. 청포도는 깨끗이 씻어 물기를 제거한 뒤 껍질을 벗겨 망고만 한 크기로 썬다.
- 아보카도는 과육을 긁어내 오목한 그릇에 담고, 크림 상태가 되도록 숟가락으로 으깬다.
- 망고와 청포도를 각각 1$\frac{1}{2}$큰술씩 담고 아보카도 1$\frac{1}{2}$큰술을 담아, 먹일 때 섞어서 먹인다.

블루베리·요구르트·우유 드링크

재료　블루베리 20개, 플레인 요구르트 2큰술, 우유 $\frac{1}{4}$ 컵

● 블루베리는 깨끗이 씻은 뒤 체에 밭쳐 물기를 뺀다.

● 믹서에 블루베리, 플레인 요구르트, 우유를 넣고 곱게 간다.

● 트레이닝 컵이나 아기가 좋아하는 컵에 음료를 담아 빨대를 이용해 마시게 한다.

과일·요구르트·우유 드링크는 과일 스무디라고도 하는데, 영양이 풍부해 아기 간식으로 아주 좋단다. 우유와 요구르트는 꼭 유기농 제품을 사용하렴.

딸기·요구르트·우유 드링크

재료 딸기 3개, 플레인 요구르트 2큰술, 우유 $\frac{1}{4}$컵

- 딸기는 깨끗이 씻은 뒤 체에 밭쳐 물기를 뺀다.
- 믹서에 딸기, 플레인 요구르트, 우유를 넣고 곱게 간다.
- 트레이닝 컵이나 아기가 좋아하는 컵에 음료를 담아 빨대를 사용해 마시게 한다.

산딸기·요구르트·우유 드링크

재료 산딸기 8개, 플레인 요구르트 2큰술, 우유 $\frac{1}{4}$컵

- 산딸기는 깨끗이 씻은 뒤 체에 밭쳐 물기를 뺀다.
- 믹서에 산딸기, 플레인 요구르트, 우유를 넣고 곱게 간다.
- 트레이닝 컵이나 아기가 좋아하는 컵에 음료를 담아 빨대를 이용해 마시게 한다.

망고·요구르트·우유 드링크

재료 망고 $\frac{1}{2}$개, 플레인 요구르트 2큰술, 우유 $\frac{1}{3}$컵

- 믹서에 망고, 플레인 요구르트, 우유를 넣고 곱게 간다.
- 트레이닝 컵이나 아기가 좋아하는 컵에 음료를 담아 빨대를 이용해 마시게 한다.

키위·요구르트·우유 드링크

재료 키위 1개, 플레인 요구르트 2큰술, 우유 $\frac{1}{4}$ 컵

- 키위는 껍질을 벗겨 씨가 없는 쪽으로 잘게 썬다.
- 믹서에 키위, 플레인 요구르트, 우유를 넣고 곱게 간다.
- 트레이닝 컵이나 아기가 좋아하는 컵에 음료를 담아 빨대를 이용해 마시게 한다.

바나나·요구르트·우유 드링크

재료 바나나 $\frac{1}{2}$개, 플레인 요구르트 2큰술, 우유 $\frac{1}{4}$컵

● 믹서에 바나나, 플레인 요구르트, 우유를 넣고 곱게 간다.
● 트레이닝 컵이나 아기가 좋아하는 컵에 음료를 담아 빨대를 이용해 마시게 한다.

한 살이 지나 걷기 시작하면 아기는 행동반경이 넓어진단다. 호기심이 부쩍 늘어 무엇이든 만지고 끌어 내리고 싶어 해, 저지레를 치기 쉽단다. 뜨거운 가스레인지나 오븐 등이 있는 부엌에는 들어가지 못하도록 칸막이를 해놓는 것이 좋겠구나. 그리고 탁자와 같이 뾰족한 모서리가 있는 가구 등에는 보호 쿠션을 대어 다치지 않게 세심히 살펴야 한단다. 가구 등의 배치에도 신경을 많이 써서 아기가 안전하게 활동할 공간을 마련해주도록 하렴.

그리고 '안 돼!'라는 말은 되도록 삼가고, 편안한 마음으로 즐겁게 놀 수 있는 환경을 만들어주어야 한단다.

이제 아기는 걸어다니면서 자기 존재를 인식하기 시작하고, 왕성한 기억력과 호기심으로 자기 세계를 탐구하기 시작한단다. 늘 아기 곁에서 따뜻한 시선으로 살피며, 보듬고 채워주려무나. 엄마와 아빠의 전적인 응원이 아기의 기를 북돋워, 행복하고 총명한 아이로 자라게 한단다.

영양이 많은 이유식을 만들어 아기에게 먹이는 것 못지않게, 아기가 자라나는 환경에도 많은 관심을 쏟아 마음껏 자라나게 해주렴.

참고문헌

하정훈. 2011. 『삐뽀삐뽀 119 이유식』. 그린비.

황일태·정수진·고시환 외. 2007. 『첫아이 이유식(유아식)』. 애플비.

Eisenberg, Arlene, Heidi E. Murkoff and Sandee E. Hathaway B.S.N. *WHAT TO EXPECT TODDLER YESRS*. Workman Publishing Company.

Karmel, Annabel. 2011. *SuperFoods: For Babies And Children*. Atria Books.

Yaron, Ruth. 1998. *Super Baby Food*. F. J. Roberts Publishing Company.

Curtis, Glade B., M.D., M.P.H. and M.S. Judith Schuler. 2010. *Your Baby's First Year(week by week)*. Da Capo Lifelong Books.

Hill, Rachael Anne. 2008. *Baby and toddler cookbook*. Ryland Peters & Small.

太田百合子 監修. 2012. 『はじめてのカンタン離乳食』, 1~4. 學研パブリッシング.

지은이 **이영옥**

1946년 부산 영도에서 출생해 경남여자고등학교를 거쳐 이화여자대학교 의예과를 중퇴하고, 성균관대학교 영문학과로 다시 진학해 졸업했다.

미국으로 유학을 가서 정착한 남편과 뉴저지에 살고 있으며, 취미는 바로크음악 감상, 유기농 텃밭과 다년초 화단 가꾸기, 체질을 고려한 자연식 만들기, 독서, 일기 쓰기 등이다. 슬하에 아들 셋을 두었다. 큰아들은 워싱턴 의과대학의 신경외과 교수이자 뇌종양센터장이며, 둘째 아들은 캘리포니아 주 어바인의 카이저 퍼머넌트 병원 흉부내과 의사이고, 셋째 아들은 보험계리사로 일하다가 컴퓨터 공학을 전공해 UPS에서 프로그래머로 근무하고 있다.

영양 만점,
할머니의 웰빙 이유식
ⓒ 이영옥, 2016

지은이 | 이영옥
펴낸이 | 김종수
펴낸곳 | 한울엠플러스(주)
편　집 | 최진희

초판 1쇄 인쇄 | 2016년 8월 22일
초판 1쇄 발행 | 2016년 8월 29일

주소 | 10881 경기도 파주시 광인사길 153 한울시소빌딩 3층
전화 | 031-955-0655
팩스 | 031-955-0656
홈페이지 | www.hanulmplus.kr
등록번호 | 제406-2015-000143호

Printed in Korea.
ISBN 978-89-460-6200-9 03590

* 책값은 겉표지에 표시되어 있습니다.